Die Rohstoff-Expedition

Julia Nordmann
Maria J. Welfens
Daniel Fischer
Claudia Nemnich
Britta Bookhagen
Katrin Bienge
Kai Niebert

Die Rohstoff-Expedition

Entdecke, was in (d)einem Handy steckt!

2. Auflage

Herausgeber
Wuppertal Institut für Klima, Umwelt, Energie GmbH
INFU – Institut für Umweltkommunikation der Leuphana Universität Lüneburg
Institute for Advanced Sustainability Studies (IASS) Potsdam e.V.

Autoren
Verantwortlich für didaktische Umsetzung:
Daniel Fischer, Claudia Nemnich, Kai Niebert unter Mitwirkung von Frederike Reinermann (INFU – Institut für Umweltkommunikation der Leuphana Universität Lüneburg)

Verantwortlich für Hintergrunddaten und -fakten:
Katrin Bienge, Britta Bookhagen, Julia Nordmann, Maria J. Welfens unter Mitwirkung von Katharina Kennedy (Wuppertal Institut für Klima, Umwelt, Energie GmbH und Institute for Advanced Sustainability Studies Potsdam (IASS) e.V.)

Koordination
Christian Schewe (Büro Wissenschaftsjahre/Projektträger im DLR)

ISBN 978-3-662-44082-7 ISBN 978-3-662-44083-4 (eBook)
DOI 10.1007/978-3-662-44083-4

Die Deutsche Nationalbibliothek verzeichnet diese Publikation in der Deutschen Nationalbibliografie; detaillierte bibliografische Daten sind im Internet über http://dnb.d-nb.de abrufbar.

Springer Spektrum

Planung und Lektorat: Clemens Heine, Agnes Herrmann
Einbandentwurf: deblik, Berlin
Einbandabbildung: www.familie-redlich.de | www.kompaktmedien.de
Gestaltung: www.familie-redlich.de | www.kompaktmedien.de
Satz: TypoStudio Tobias Schaedla, Heidelberg

Gedruckt auf säurefreiem und chlorfrei gebleichtem Papier

Springer-Verlag GmbH Berlin Heidelberg ist ein Teil der Fachgruppe Springer Science+Business Media (www.springer.com)

Vorwort

Mit den Wissenschaftsjahren bietet das Bundesministerium für Bildung und Forschung (BMBF) mit Unterstützung der Initiative *Wissenschaft im Dialog* (WiD) eine öffentliche Bühne für den Austausch zwischen Wissenschaft und allgemeiner Öffentlichkeit. Ziel ist es, neue Forschungsergebnisse und aktuelle wissenschaftliche Herausforderungen einem größeren Publikum bekannt zu machen, den Dialog darüber zu fördern sowie speziell Kinder und Jugendliche für wissenschaftliche Themen zu begeistern.

Im Wissenschaftsjahr 2012 – Zukunftsprojekt Erde, das die gesellschaftliche Debatte über Ziele, Herausforderungen und Aktionsfelder einer nachhaltigen Entwicklung förderte, gelang das besonders erfolgreich mit der Aktion „Die Rohstoff-Expedition – Entdecke, was in (d)einem Handy steckt!". Ausgangspunkt war ein vom BMBF gefördertes Forschungsvorhaben zum Thema „Rückgabe und Nutzung gebrauchter Handys", das vom Wuppertal Institut für Klima, Umwelt, Energie und dem IASS Potsdam – Institute for Advanced Sustainability Studies durchgeführt wurde. Die Ergebnisse des Forschungsprojektes bildeten die inhaltliche Basis für die Rohstoff-Expedition und die vorliegenden Lern- und Arbeitsmaterialien.

Die Rohstoff-Expedition startete im August 2012 in Zusammenarbeit mit den deutschen Netzanbietern Telekom Deutschland, E-Plus Gruppe, Telefónica Germany und Vodafone D2 sowie dem Verband zur Rücknahme und Verwertung von Elektro- und Elektronikaltgeräten (vere).

An der bundesweiten Sammelaktion von Alt-Handys nahmen bis März 2013 mehr als 1.600 Schulen und die vier großen Netzanbieter teil. Insgesamt wurden im Rahmen der „Rohstoff-Expedition" 65.090 Altgeräte gesammelt.

Das vorliegende Material ist eine aktualisierte und erweiterte Neuauflage. Es enthält ausführliche fachdidaktische Einführungen und Anknüpfungspunkte für den Einsatz in verschiedenen Unterrichtsfächern. Es geht insbesondere um den ökologischen Rucksack von Mobiltelefonen, den Ressourcenverbrauch von der Entstehung über die Nutzung bis hin zu Recycling und Wiederverwertung von Mobiltelefonen sowie um fundierte Handlungsanleitungen für ein individuelles ressourcenschonendes, sozial verträgliches Konsumverhalten. Somit werden die drei zentralen Leitfragen des Wissenschaftsjahres 2012 – Zukunftsprojekt Erde thematisiert: Wie wollen wir leben? Wie müssen wir wirtschaften? Und wie können wir unsere Umwelt bewahren?

GEFÖRDERT VOM

Eine Initiative des Bundesministeriums für Bildung und Forschung

Nutzungsrechte und Verwendung

 Zusätzlich stehen Detailinformationen, Beispiele und weitere Kopiervorlagen auf www.springer.com/978-3-662-44082-7 zur Verfügung. Eine Übersicht über diese Materialien finden Sie auf Seite 150 im Lern- und Arbeitsmaterial.

Verweis

Hier machen wir Sie aufmerksam auf interessante Filme, Links oder Literatur zum Thema, die sich auch zur Gestaltung Ihres Unterrichts eignen.

Beispiel

Unsere Beispiele sollen Zusammenhänge erklären und veranschaulichen.

Detailinfo

An dieser Stelle finden Sie vertiefende Informationen zu Teilfragestellungen.

Bildnachweise Lern- und Arbeitsmaterial

Shutterstock
S. 57, 69, 70, 71, 92, 94, 95, 109

familie redlich AG
S. 62, 80

Kai Loeffelbein/laif
S. 128

Inhaltsverzeichnis

III Modul I – Entstehung

IV Modul II – Nutzung

V Modul III – Recycling und Wiederverwertung

VI Anhang

1 Einleitung

Die Weltbevölkerung wird sich im Jahr 2050 verglichen zum Stand Mitte der achtziger Jahre des 20. Jahrhunderts verdoppelt haben: knapp neun Milliarden Menschen werden im Jahr 2050 auf der Erde leben, die alle ein Recht auf ein gutes Leben mit ausreichend Nahrung, Sicherheit und Bildung haben (UNDES 2004). Dieser Zuwachs wird den Druck auf die natürlichen Rohstoffvorkommen, die biologische Vielfalt und das ökologische Gleichgewicht auf der Erde weiter verschärfen. Wie die Erde dann aussehen wird, ist heute noch unklar. Klar ist jedoch: Ein ressourcenschonender Konsum und effiziente Produkte sind notwendig, um allen Menschen eine gerechte Teilhabe am Wohlstand zu ermöglichen, ohne die ökologische Tragfähigkeit unseres Planeten zu zerstören.

1.1 Konsum ist Rohstoffverbrauch

Schon heute ist ein Kampf um seltene und wertvolle Rohstoffe[1] entbrannt: Besonders für Industriezweige wie den Auto- und Flugzeugbau, die Branche der erneuerbaren Energien und die High-Tech-Industrie zur Herstellung technischer Geräte wie Fernseher, Handys und Computer, spielen Rohstoffe wie z. B. die so genannten Seltenen Erden eine wichtige Rolle. Das Problem gerade dieser Rohstoffe ist: Zwar sind die Metalle der Seltenen Erden nicht selten, aber sie kommen zumeist nur jeweils in kleinen Mengen in weit verstreut lagernden Mineralien vor. Die Aufbereitung dieser Metalle verursacht durch die dafür benötigte Energie und eingesetzten Chemikalien immense Umweltschäden.

Die naturwissenschaftlichen Grundlagen unseres Rohstoffverbrauchs und dessen Folgen für Mensch und Umwelt lassen sich besonders gut an dem heute fast wichtigsten Alltagsbegleiter Handy deutlich machen: Weltweit waren im Jahr 2013 mehr als 6,8 Milliarden Mobilfunkanschlüsse aktiv, in Deutschland davon im Jahr 2012 allein 107 Millionen (ICT 2013a; ICT 2013b). Damit kann statistisch nahezu jeder Erdenbürger mobil telefonieren. Tatsächlich aber gibt es große Unterschiede in der Ausstattung mit Handys. Während in Industrieländern wie Deutschland der Trend zum Zweit- oder Dritthandy geht, sind weite Bevölkerungsteile auf der Welt von der mobilen Kommunikation ausgeschlossen.

Die Größenordnung der ausgemusterten Althandys ist dabei nicht zu unterschätzen:

1 Zur Unterscheidung seltener Metalle und Seltener Erden sei auf die Detailinfo 4 auf S. 64–65 in Modul I des Lern- und Arbeitsmaterials verwiesen.

Nach Herstellerangaben haben sich in Deutschland über die 107 Millionen Anschlüsse hinaus fast 86 Millionen alte oder defekte Handys in den Haushalten angesammelt (BITKOM 2012). Diese Geräte enthalten wertvolle Rohstoffe, zum Beispiel Edelmetalle wie Gold und Silber, für die High-Tech-Industrie wichtige Metalle wie Indium und Tantal oder Seltene Erden wie Cer oder Neodym. Um den Abbau dieser für die Produktion eines Handys notwendigen Elemente und die damit verbundenen Umweltschäden zu reduzieren, gibt es zwei Möglichkeiten: weniger Verbrauch (z.B. durch längere Nutzungsdauer) und mehr Recycling.

1.2 Nachhaltigkeit lernen heißt Rohstoffverbräuche verstehen

Das vorliegende Lern- und Arbeitsmaterial zielt darauf ab, Schülerinnen und Schülern Verbindungen zwischen dem Alltagsbegleiter Handy und den sozialen und ökologischen Folgen, die durch Herstellung und Nutzung entstehen, aufzuzeigen. Dazu wird das Handy in drei Modulen in seinem ganzen Lebenszyklus betrachtet: von der Rohstoffgewinnung und der Produktion des Handys über seine Nutzung bis hin zur Wiederverwertung bzw. zum Recycling. In all diesen Lebensphasen wird Natur genutzt – z.B. für die Gewinnung von Metallen, die Lieferwege oder das Laden des Handys. Dieser unsichtbare Verbrauch an Natur wird durch den Ansatz des ökologischen Rucksacks sichtbar gemacht.

Das vorliegende Lern- und Arbeitsmaterial ist entlang der in den Bildungsstandards der naturwissenschaftlichen Fächer sowie den Bildungsstandards fachdidaktischer Gesellschaften beschriebenen Kompetenzen entwickelt. Die Inhalte richten sich auf die Aneignung von Konzepten, Phänomenen, Begriffen (Fachwissen), die eigenständige Recherche und Erschließung von Problemhintergründen und Lösungsstrategien (Erkenntnisgewinnung), die Darstellung und Diskussion komplexer Zusammenhänge (Kommunikation) sowie die Abwägung von Handlungsalternativen (Bewertung). Zusätzlich sollen mit dem Material Handlungsoptionen für eine nachhaltige Entwicklung aufgezeigt werden (Handlung).

Im Fokus stehen Systemzusammenhänge zwischen globalem Ressourcenverbrauch und alltäglichem Konsum. Das Anliegen dabei ist stets, den Schritt vom Wissen zum Handeln zu fördern und Schülerinnen und Schüler dabei zu unterstützen, Strategien für das eigene Handeln und für die eigenen alltäglichen Entscheidungen abzuleiten.

I Fachdidaktische Grundlagen

Die Rohstoff-Expedition: Eine fachdidaktische Einordnung

Was will das vorliegende Material erreichen und wie lässt es sich im Unterricht verschiedener Fächer einsetzen? Auf diese Fragen gibt die fachdidaktische Einordnung Antwort.

Ziel der Rohstoff-Expedition ist es, Schülerinnen und Schüler mit Hintergründen und Folgen unseres Konsums und dem daraus entstehenden Ressourcenverbrauch zu konfrontieren und sie zu kompetentem und nachhaltigem Handeln zu befähigen. Das Material wurde für die Sekundarstufe I und II konzipiert und richtet sich an Lehrkräfte, die das Thema unterrichtlich umsetzen möchten. Es wurde ausdrücklich als ein Beitrag zur Bildung für eine nachhaltige Entwicklung (BNE) konzipiert. Das folgende Kapitel drei führt genauer aus, welche Ideen damit verbunden sind.

Kapitel vier leistet die fachdidaktische Fundierung, indem es übergreifend darstellt, wie sich Lernprozesse gezielt anstoßen lassen, die es Schülerinnen und Schülern ermöglichen, fachliches Wissen zu erwerben und bewertende und kommunikative Kompetenzen zu entwickeln.

In Kapitel fünf erhalten Sie einen Überblick darüber, wie das Lern- und Arbeitsmaterial aufgebaut ist, aus welchen Modulen es besteht und welche Symbole eingesetzt werden, um Ihnen einen schnellen Überblick zu ermöglichen und stete Orientierung zu gewährleisten.

Kapitel sechs beschreibt in Form exemplarischer Anwendungsszenarien und modellhafter Verlaufspläne, wie Unterricht zur Rohstoff-Expedition ganz praktisch aussehen kann. Um die Thematik unseres Ressourcenverbrauchs am Beispiel Handy in einzelnen Unterrichtsfächern fachgerecht angehen und fachspezifisch umsetzen zu können, bedarf es einer engen Anbindung an die Kompetenzbereiche, die in den jeweiligen fachlichen Bildungsstandards beschrieben sind. Dazu wird in Kapitel sechs für jede Aufgabe des Lern- und Arbeitsmaterials ausgewiesen, welche Kompetenzbereiche sie besonders ausgeprägt behandelt.

Der fachdidaktischen Einordnung sind zudem zwei Anhänge beigefügt. In Anhang A finden Sie ausführlich nach einzelnen Unterrichtsfächern aufgeschlüsselt dargestellt, welche Bezüge das Lern- und Arbeitsmaterial zu den jeweiligen fachlichen Bildungsstandards der Ständigen Kultusministerkonferenz (KMK) sowie zu Bildungsstandards einiger fachdidaktischer Gesellschaften aufweist. Sie können hier also direkt für Ihr Fach sehen, welche Teile des Lern- und Arbeitsmaterials für Sie von besonderer Relevanz sind. Im Anhang B finden Sie in tabellarischer Form ausführliche Verlaufspläne für die in Kapitel sechs vorgeschlagenen exemplarischen vier Unterrichtsabschnitte.

3 Die Rohstoff-Expedition als ein Beitrag zur Bildung für eine nachhaltige Entwicklung

Das vorliegende Lern- und Arbeitsmaterial regt Lernende zu einer vertieften Auseinandersetzung mit Themen der Nachhaltigkeit im Rahmen einer Bildung für eine nachhaltige Entwicklung an. Damit knüpft es an ein Bildungskonzept an, dessen Umsetzung in Schulen durch den Beitrag dieses Buches explizit gefördert werden soll. Die Hintergründe, Kernelemente und Hinweise zur didaktisch-methodischen Umsetzung dieses Bildungskonzepts werden im folgenden Kapitel vorgestellt.

3.1 Was will Bildung für eine nachhaltige Entwicklung?

Die Zeit der Verdrängung ist vorbei: Die Gefahren des Klimawandels, der Umweltbelastung und der Zerstörung der Artenvielfalt, die anhaltende Armut und die zunehmende soziale Ungerechtigkeit national und international sind nicht mehr zu übersehen. Auf Grundlage dieser Herausforderungen einigten sich 178 Staaten bei der UNCED-Konferenz 1992 in Rio de Janeiro auf das Leitbild einer nachhaltigen Entwicklung (vgl. BMU 1992; siehe inhaltlicher Einführungsteil, S. 45ff). Bildung wird darin als eine Strategie aufgefasst, um Veränderungen im Sinne dieses Leitbildes auf den Weg zu bringen. In der Folge entwickelte sich das Bildungskonzept einer „Bildung für eine nachhaltige Entwicklung". Bildung für eine nachhaltige Entwicklung beansprucht einen Richtungswechsel „weg von

Verweis 1

Der OECD Referenzrahmen für Schlüsselkompetenzen wurde von 1997 bis 2003 im Projekt „Definition and Selection of Competencies: Theoretical and Conceptual Foundations" (DeSeCo) entwickelt (vgl. Rychen 2008, S. 15f.). Ihm liegt der Kompetenzbegriff nach Weinert (2001) zu Grunde: „die bei Individuen verfügbaren oder durch sie erlernbaren kognitiven Fähigkeiten und Fertigkeiten, um bestimmte Probleme zu lösen, sowie die damit verbundenen motivationalen, volitionalen und sozialen Bereitschaften und Fähigkeiten, um die Problemlösungen in variablen Situationen erfolgreich und verantwortungsvoll nutzen zu können" (ebd., S. 27f.). Der Referenzrahmen umfasst drei Kategorien von Schlüsselkompetenzen: „Autonome Handlungsfähigkeit" (OECD 2005, S. 7), „Interaktive Anwendung von Medien und Mitteln" (ebd.) und „Interagieren in heterogenen Gruppen" (ebd.).

Weitere Informationen: **www.bne-portal.de**

den Bedrohungs- und Elendsszenarien und hin zu Modernisierungsszenarien" (de Haan 2006, S. 5). Sie stellt kein Umerziehungsprogramm dar, sondern will Menschen dazu befähigen, eigene Urteile zu fällen und sich an der Diskussion darüber zu beteiligen, wie sich die Idee der Nachhaltigkeit konkretisieren und in ein Handlungsprogramm umsetzen lässt (vgl. Fischer et al. 2011). In der bundesdeutschen Ausprägung drückt sich diese neuartige Ausrichtung in einer Kompetenzorientierung aus, die an den OECD-Referenzrahmen für Schlüsselkompetenzen angelehnt ist (s. Verweis 1, Seite 7).

3.2 Didaktisch-methodische Merkmale

„Das Abstrakte real machen und die Fähigkeiten des Einzelnen und der Gesellschaft entwickeln, damit sie für eine nachhaltige Zukunft arbeiten, ist vor allem ein pädagogisches Unterfangen."
www.unesco.org/education/desd

Bildung für eine nachhaltige Entwicklung will Menschen in die Lage versetzen, Entscheidungen für ihre Zukunft zu treffen und dabei abzuschätzen, wie sich das eigene Handeln auf künftige Generationen oder das Leben in anderen Weltregionen auswirkt.

Der Einzelne erfährt durch Bildung für eine nachhaltige Entwicklung: Mein Handeln hat Konsequenzen. Nicht nur für mich und mein Umfeld, sondern auch für andere. Ich kann etwas tun, um die Welt ein Stück zu verbessern. Ein solches Denken ist dringend notwendig, um Veränderungen anzustoßen und drängende globale Probleme wie den wachsenden Rohstoffverbrauch oder die ungleiche Verteilung von Wohlstand anzugehen.

Bildung für nachhaltige Entwicklung vermittelt Kenntnisse, Fähigkeiten und Fertigkeiten, um

- globale Zusammenhänge und Herausforderungen wie den Klimawandel oder globale Stoffströme zu verstehen;
- die komplexen wirtschaftlichen, ökologischen und sozialen Ursachen dieser Probleme zu erfassen und
- die Fähigkeit, Wissen über nachhaltige Entwicklung anwenden und Probleme nicht nachhaltiger Entwicklung erkennen zu können.

In diesem Bildungsverständnis wird deutlich: es braucht einen interdisziplinären Ansatz, um solches Wissen und Können zu fördern, das für eine nachhaltige Zukunft und für einen Werte-, Verhaltens- und Lebensstilwandel benötigt wird. Dies verlangt eine Veränderung von Bildungsinhalten, -ansätzen und -zielen: Unterricht an deutschen Schulen ist stark von der Vermittlung der systematischen Wissensstrukturen der jeweiligen Fächer geprägt. Im Vordergrund stehen nach wie vor die Handhabung begrifflicher und formaler Techniken sowie die Vermittlung der fachgemäßen Arbeitsmethoden. Zur Erfüllung der Bildungsstandards wie auch zur Umsetzung einer Bildung für eine nachhaltige Entwicklung müssen jedoch insbesondere das argumentative Bewerten und Begründen, das adressatengerechte Verbalisieren, das selbstständige Erschließen fachlicher Erkenntnisse und die Erfassung des Verwertungsaspekts des fachlichen Wissens stärker in den Fokus gerückt werden.

Besonders im Rahmen des naturwissenschaftlichen Unterrichts wurde zur Planung von Bildungsprozessen das Modell der didaktischen Rekonstruktion erfolgversprechend eingesetzt. Darin werden fachliches Wissen und Alltagsvorstellungen wechselseitig aufeinander bezogen, um die Bedingungen eines lernförderlichen Unterrichts zu erforschen. Aus Perspektive der Bildung für eine nachhaltige Entwicklung spielen dabei zwei Aspekte eine besondere Rolle: Das Modell ermöglicht zum einen eine intensive

Reflexion fachlicher Inhalte aus Perspektive der Gesellschafts- und Zukunftsrelevanz der jeweiligen Kontexte und Konzepte. Zum anderen stellt das Modell eine Gleichrangigkeit von Experten- und Alltagswissen her: Ziel des Unterrichts soll nicht sein, ein vermeintlich „falsches" Wissen der Lernenden zu ersetzen, sondern ihr vorhandenes Wissen und ihre Erfahrungen anzureichern, damit zukunftsrelevante, schülernahe und wirksame Bildungsprozesse möglich werden.

Die Rohstoff-Expedition verstehen: Fachdidaktische Perspektiven

„Sagen sie uns doch gleich, was richtig ist – dann lernen wir das!" Besonders in Situationen, in denen es keine eindeutigen Lösungen gibt und Lernende Probleme lösen sollen, werden solche Ansinnen an Lehrende herangetragen. Darin zeigt sich eine Fixierung auf den Stoff und auf die wissenschaftlich fundierten Fakten. In dieser Aussage spiegelt sich aber auch die Scheu vor Unsicherheit wider. Diese Unsicherheit resultiert aus den Schwerpunkten, die besonders im naturwissenschaftlich orientierten Unterricht gesetzt werden: der Unterricht ist stark in der Vermittlung von Fachwissen und Erkenntnismethoden, jedoch schwach in der Ermöglichung und Initiierung von Lernprozessen in den Kompetenzbereichen Kommunikation und Bewerten. Daraus erwächst der Auftrag, die letztgenannten Kompetenzen – ergänzt um die Handlungskompetenz – stärker in den Blick zu nehmen und entsprechende Lernmaterialien zu entwickeln – ohne die anderen Kompetenzbereiche zu schwächen.

Die Rohstoff-Expedition hat es sich zum Ziel gesetzt, anhand des Lebenszyklus eines Mobiltelefons nicht nur eine systematische Wissensstruktur in den Themenbereichen Konsum, Stoffströme und Nachhaltigkeit zu entfalten, sondern insbesondere das argumentative Bewerten und Begründen, das adressatengerechte Verbalisieren, das selbstständige Erschließen der notwendigen fachlichen Erkenntnisse und die Beschreibung des alltagsorientierten Verwertungsaspekts des fachlichen Wissens zu fördern.

Um entsprechende Lernprozesse anregen zu können, bedarf es eines Verständnisses davon, wie Schülerinnen und Schüler wahrnehmen, verstehen und bewerten.

4.1 Wie nehmen Schülerinnen und Schüler Nachhaltigkeitsfragen wahr?

Das vorliegende Lern- und Arbeitsmaterial basiert auf einer moderatkonstruktivistischen Perspektive, die in der Neurobiologie verankert ist. Es spiegelt die Erkenntnis, dass unsere Wahrnehmung unsere Umwelt nicht einfach abbildet, sondern unsere Sinneseindrücke selektiv übersetzt – unter Berücksichtigung bestehender, erfahrungsbasierter Vorstellungen (Niebert & Gropengießer 2014; Niebert et al. 2012). Dabei sollte uns klar sein: Verstehen und damit Lernen findet in den Köpfen der Lernenden statt. Wissen kann nicht einfach weitergegeben werden, es muss aktiv konstruiert werden. Deshalb sollten Vermittlungsprozesse vom Lernen der

Schülerinnen und Schüler her gedacht werden. Das Zentrum der Aufmerksamkeit verschiebt sich damit vom Lehren zum Lernen.

Unsere Vorstellungen entwickeln sich aus unseren Erfahrungen mit der physischen und sozialen Umwelt. Erfahrung bezieht sich damit nicht auf die Erinnerung, also das Ergebnis der Interaktion mit der Umwelt, sondern kennzeichnet die unmittelbare Begegnung, also den Vorgang. Wiederholtes sensomotorisches Interagieren mit der Umwelt, im Sinne einer sich wiederholenden Handlung, formt und verknüpft die daran beteiligten funktionellen Neuronengruppen fortschreitend effektiver.

Damit erwachsen unsere Vorstellungen daraus, wie unsere Körper und wie unsere Gehirne strukturiert sind und funktionieren, als auch daraus, wie wir mit der physischen und sozialen Umwelt interagieren und wie diese strukturiert ist. Die Art und Weise, wie wir mit unserem Körper in unserer Mit- und Umwelt handeln, entwickelt unser mentales System und generiert bedeutungsvolle Vorstellungen. Diese Vorstellungen werden deshalb als verkörpert (embodied) bezeichnet (Lakoff 1990; Gallese & Lakoff 2005).

Doch nicht alles, was wir zu verstehen versuchen, ist einer direkten Erfahrung zugänglich. Das Verstehen komplexer Stoffströme und Stoffkreisläufe z.B. bei der Rohstoffverarbeitung, der Klimawandel oder auch der globale Verlust an Biodiversität entziehen sich der direkten Erfahrung für den Lernenden oder die Lernende – und auch meist für Forschende. Gegenstandsbereiche, die nicht direkt erfahren werden können, werden deshalb imaginativ, in der Regel über Metaphern, Analogien oder Beispiele verstanden. Dabei dienen erfahrungsbasierte Vorstellungen als Quellen, um abstrakte Inhalte zu verstehen (Lakoff & Johnson 2007): So liegt zum Beispiel der Klimawandel außerhalb der Erfahrungswelt. Was wir direkt erfahren können, ist Wetter – aber kein Klima. Somit lässt sich erklären, warum häufig Phänomene wie Unwetter oder Hitzetage als Klimawandel gedeutet werden oder warum auf die Erfahrungen von warmen Glashäusern zurückgegriffen werden muss, um sich den Treibhauseffekt vorstellen zu können – was fachlich nicht angemessen ist (Niebert, Marsch & Treagust 2012). Niebert und Gropengießer (2014) konnten zeigen, dass es insbesondere die Erfahrungen von Gleichgewichten und Kreisläufen sind, die unsere Vorstellungen von Stoffströmen fundieren.

Das Lern- und Arbeitsmaterial greift diese Sichtweise auf, indem es durch entsprechende Aufgabenstellungen die aktive Eigenkonstruktion von Wissen anregt und herausfordert und durch Einsatz erfahrungsbasierter Vorstellungen wie dem eines (ökologischen) Rucksacks abstrakte Inhalte wie stoffliche Materialinputs konkretisiert.

4.2 Wie bewerten Schülerinnen und Schüler Nachhaltigkeitsfragen?

Wie aber laufen Prozesse des Verstehens ab? Verstehen lässt sich als zwei unterschiedliche Prozesse beschreiben: als unbewusstes „intuitives System“, in dem Denkprozesse intuitiv entlang von erfahrungsbasierten Gedächtnisinhalten verlaufen, und als bewusstes „reflektives System“, in dem wir unsere Denkprozesse beabsichtigt und systematisch steuern (▫ Tabelle 1 nach Strack & Deutsch 2004; siehe aber auch Epstein 1994, Smith & Decoster 2000, sowie Kahnemann 2012). In der Regel sind wir uns nicht im Klaren darüber, dass unser Verstehen maßgeblich auf Erfahrungen fußt.

Die Unterscheidung von bewussten und unbewussten Denkprozessen ist relevant, wenn wir darüber nachdenken, wie Schülerinnen und Schüler Nachhaltigkeitsfragen bewerten. Argumente, die in ethischen Bewertungsprozessen vorkommen, werden dabei auf direkten oder imaginativen Vorstellungen gebildet. Damit

Tabelle 1 Das Zwei-Prozess-Modell nach Strack & Deutsch (2004)

Das intuitive System	Das reflektive System
Schnell und mühelos	Langsam und anstrengend
Prozess ist unbeabsichtigt und verläuft automatisch	Prozess ist beabsichtigt und kontrollierbar
Prozess ist nicht zugänglich; nur die Ergebnisse gelangen ins Bewusstsein	Prozess ist bewusst zugänglich (und bezüglich seiner Logik) überprüfbar
Benötigt keine Aufmerksamkeitskapazitäten	Benötigt Aufmerksamkeitskapazitäten, welche begrenzt sind
Parallel verteilte Verarbeitung	Serielle Verarbeitung
Vergleich von Mustern; Denken ist metaphorisch und holistisch	Verarbeitung von Symbolen; Denken ist wahrheitssuchend und analytisch
Kontextabhängig	Kontextunabhängig

sind nicht nur Vorstellungen, sondern auch Argumente immer erfahrungsbasiert – entweder direkt oder imaginativ. Mit der Wahrnehmung einer Situation werden erfahrungsbasierte Vorstellungen aktiviert, die zu einer intuitiven Bewertung führen: So kann z. B. das Thema „Ressourcenausbeutung" unmittelbar die Vorstellung von Umweltzerstörung hervorrufen, was in diesem Zusammenhang – ohne dass hierüber bewusst reflektiert wird – zu einer grundsätzlich ablehnenden Haltung führen kann (für ein Beispiel zur Gentechnik vgl. Gebhard & Mielke 2003).

Was aber, wenn das Ideal der reflektierten Urteilsbildung eine Art kognitive Überforderung darstellt, weil jemand – aus welchen Gründen auch immer – nicht in der Lage ist, sich seine oder ihre Urteils- und Handlungsgründe bewusst zu machen? In Studien zum moralischen Bewerten konnte gezeigt werden, dass Personen bei Irritationen eher mit ihren Begründungen ins Schwanken gerieten als mit ihren Bewertungen. So zeigte sich zum Beispiel, dass Personen, die ihre Meinung nicht weiter begründen konnten, unsicher wurden oder absurde Gründe erfanden, um ihre Urteile aufrecht zu halten (Haidt, Koller & Dias 1993).

Ein Verständnis davon, wie junge Menschen ethische Bewertungen treffen, hilft zu verstehen, warum es immer wieder zu Diskrepanzen zwischen Urteilen und Handeln kommt oder warum vermeintlich irrationale Aspekte in ethischen Auseinandersetzungen eine große Rolle spielen können (Gebhard 1999; Haidt 2001). Tabelle 2 zeigt verschiedene Argumentations- und Vorgehensweisen auf, die wir alle zur Bewertung von Sachverhalten heranziehen. Welche der Vorgehensweisen angewandt wird, ist stark subjektiv geprägt und abhängig vom jeweiligen Kontext, in dem eine Bewertung stattfindet. Durch gezielte Arbeitsaufträge können die in Tabelle 2 weiter unten stehenden, eher komplexeren Bewertungsstrukturen angeregt werden.

Das Lern- und Arbeitsmaterial greift diese Verschiedenheit auf, indem es in den Aufgabenstellungen gezielt Kontexte stiftet, die zur eigenen Positionierung herausfordern und Bewertungsprozesse anregen. Beispiele dafür sind Aufgaben zur Perspektivübernahme in Rollenspielen oder in Zeitzeugen-Interviews sowie diskursive Übungen wie die Erörterung von Argumentationsstrategien im Rahmen der Kampagnenplanung.

4.3 Wie lassen sich Kompetenzen zur Bewertung fördern?

Angesichts der Tatsache, dass wir Informationen überwiegend unbewusst verarbeiten, sind intuitive Bewertungen unvermeidbar und zugleich Ausdruck unserer mentalen Konstitution. Wie aber lassen sich aufbauend auf diesen Grundlagen Kompetenzen zur Bewertung und zur Kommunikation fördern?

Tabelle 2 Handlungsheuristiken in Bewertungsprozessen

	Beschreibung	Quellen
Die intuitive Bewertung	Die Bewertungen von Situationen, Personen oder Themen ist ein integraler Teil der Wahrnehmung. Die assoziativen Verarbeitungsprozesse, die zu einer Bewertung führen, bleiben im Verborgenen. Die Umwelt wird auf der Basis internalisierter und bewährter Heuristiken kategorisiert.	Zajonc 1980; Gilovich, Griffin & Kahneman 2002
Die Post-Hoc-Rechtfertigung	Intuitive Bewertungen werden begründet, wenn man dazu aufgefordert bzw. motiviert wird. Das eigene Verhalten bzw. seine Urteile zu begründen erfolgt nicht vor, sondern nach der erfahrungsbasierten Bewertung eines Sachverhaltes.	Nisbett & Wilson 1977; Kuhn 1991
Vorstellungen des Gesprächspartners	Wenn Personen ihre Beweggründe erklären, ruft deren Argumentation bei ihren Gesprächspartnern Vorstellungen und Bewertungen hervor, die ebenfalls post-hoc begründet werden.	Haidt 2001
Die soziale Einflussnahme	Häufig entsprechen unsere erfahrungsbasierten Vorstellungen den Überzeugungen, die mit denen einer Gruppe, der wir uns zugehörig fühlen oder die uns sympathisch ist, konform sind.	Petty & Cacioppo 1986; Chen & Chaiken 1999
Bewerten durch Nachdenken	Steht einer Person ausreichend kognitive Kapazität und ein hinreichender räumlicher und zeitlicher Kontext zur Verfügung, können Bewertungen auch das Ergebnis reflektierten Nachdenkens sein, gleich ob sie mit unseren Intuitionen übereinstimmen oder nicht.	Haidt, Koller & Dias 1993
Der innere Dialog	Auch kann das Nachdenken über die Situation, die Vorstellungen und Bewertungen einer anderen Person dazu führen, dass dadurch neue Assoziationen und erfahrungsbasierte, intuitive Bewertungen erzeugt werden, die im Widerspruch zu vorhergehenden Intuitionen stehen können.	Flavell et al. 1968; Joas 1998

Bildung sollte „dem Individuum [auch] eine aktive Teilhabe an gesellschaftlicher Kommunikation und Meinungsbildung über technische Entwicklung und naturwissenschaftliche Forschung ermöglichen und ist deshalb wesentlicher Bestandteil von Allgemeinbildung“ (KMK 2004). Die Bewertungskompetenz stellt innerhalb der Kompetenzbereiche die Brücke zum Alltagsdenken und -handeln dar, da sie Ansätze und Argumentationsstrategien liefert, um Wissen mit Werten in Beziehung zu setzen und in Alltagshandeln zu übersetzen. Sie soll dazu beitragen, dass Menschen mündige, kritisch reflektierende, an gesellschaftlichen Kontroversen teilhabende und handlungsfähige Bürgerinnen und Bürger werden. Themen wie die Nutzung von Rohstoffaufkommen auf Kosten der Entwicklungsländer oder auch die Auslagerung der Folgen unseres Wirtschaftens über den Klimawandel in den globalen Süden fordern die Schülerinnen und Schüler heraus, eigene Positionen zu hinterfragen und Urteile zu fällen und sind daher Beispiele dafür, wie sich geeignete Kontexte schaffen lassen, um Bewertungskompetenz zu fördern.

Reitschert und Hößle (2006) schlagen vor, folgende Strategien zu nutzen, um den Erwerb von Bewertungs- und Handlungskompetenz zu befördern:

- **Die moralischethische Relevanz wahrnehmen**
  Betrifft eine Handlung den Bereich, den eine Person als moralisch problematisch ansieht, reagiert er oder sie intuitiv zunächst mit emotionaler Ablehnung. Diese Gefühle können im Lehr-Lernprozess begründet und damit gesellschaftlich relevante Werte reflektiert werden.
- **Die eigene Einstellung bewusst machen**
  Die Kenntnis der eigenen Einstellung und das Wissen über die Wurzeln dieser Einstel-

lung ist eine wichtige Grundbedingung für die Analyse von Problemstellungen.

- **Die Folgen reflektieren**
  Die Beschreibung der abschätzbaren, unmittelbaren Folgen von Handlungen stellt einen Teil der Fähigkeit dar, die zu beurteilende Situation zu erfassen und korreliert eng mit dem nötigen Fachwissen und der Beurteilungsfähigkeit. Mögliche langfristige Folgen zu antizipieren erfordert Imaginationsvermögen und die Einnahme einer gesellschaftlichen Perspektive.
- **Eine Situation beurteilen**
  Zur Beurteilung einer Situation wird insbesondere das verfügbare Fachwissen relevant, um nicht auf der Basis von fachlich unangemessenen Vorstellungen zu argumentieren. Gründe und Motive für und gegen eine Handlung werden einander gegenübergestellt.
- **Ethisches Basiswissen anwenden**
  Ohne ein Verständnis von bestimmten in ethischen Urteilsprozessen relevanten und zentralen Begriffen wie z. B. „Ethik", „Norm" oder „Wert" oder auch der Kenntnis des normativen Konzeptes der Nachhaltigkeit fällt eine angemessene und konsistente Argumentation schwer.
- **Aus Fachwissen und Werten eine Schlussfolgerung ziehen**
  Ziel einer jeden ethischen Diskussion sollte die Fähigkeit sein, ein gut begründetes Urteil zu fällen. Ein Urteil ist jedoch keineswegs statisch, d. h. es kann revidiert, neu formuliert oder anders gewichtet werden.

Gewissermaßen als Querschnitt zu diesen Komponenten sind zwei weitere essentielle Fähigkeiten beim Bewerten notwendig:

- **Argumentieren**
  Nicht alles, was heute als Argument ins Feld geführt wird, ist auch eines. Eine Argumentation umfasst eine präskriptive (d. h. wertende) und (mindestens) eine deskriptive Prämisse, aus denen eine präskriptive Konklusion folgt. Im Rahmen der Diskussion um die Rohstoffnutzung wären Argumente in folgender Form einer anschließenden Diskussion gut zugänglich:
  1. Jeder Mensch hat das Recht auf den Erhalt seiner Gesundheit.
  2. Der übermäßige Verbrauch von Rohstoffen führt zu schlechten Arbeitsbedingungen und Umweltverschmutzungen, besonders in Entwicklungsländern.
  3. Der Rohstoffverbrauch muss eingeschränkt werden, um die Zahl der umweltbedingten Erkrankungen in Entwicklungsländern zu minimieren.

Erfahrungsgemäß werden Schülerinnen und Schüler nicht in dieser klaren Form argumentieren. Gelingt es jedoch, ein unpräzise formuliertes Argument in eine solche Reinform zu bringen, dann wird schnell deutlich, worin der Vorteil eines solchen explizit gemachten Arguments liegt. Es kann direkt eine der Prämissen zur Disposition gestellt werden, d. h. es wird eine klare Möglichkeit gegeben, für eine der Prämissen Gründe (wenn es sich um die präskriptive handelt) oder (empirische) Belege (wenn es sich um die deskriptive Prämisse handelt) zu sammeln.

- **Perspektivenwechsel**
  Unabdingbar für eine reflektierte Bewertung ist es, die verschiedenen Sichtweisen betroffener Personen in einem kontroversen Sachverhalt einnehmen und nachvollziehen zu können. Ohne die Bewertungen und die Bewertungsgrundlagen anderer Beteiligter oder Andersdenkender nachzuvollziehen, beschränkt sich unsere Wahrnehmung auf die starren Grenzen unserer eigenen Überzeugung. Sachverhalte werden dann nicht in ihrer Komplexität erfasst. Mithilfe von Perspektivenwechseln kann dabei von der eigenen Position abstrahiert und auch andere Perspektiven berücksichtigt werden.

Um die Kompetenzbereiche Kommunikation und Bewertung in den Lernangeboten zu stärken, setzt die Rohstoff-Expedition eine Reihe bewährter Handlungsoptionen ein, wie zum Beispiel:

- wechselnde Darstellungsformen (z. B. zu einem Bild einen Text verfassen, ein Diagramm verbalisieren),
- Aufforderungen, vorgegebene Informationen unter fachlichen und moralischen Gesichtspunkten zu bewerten, sowie
- Aufgabenstellungen, die die Schülerinnen und Schüler dazu ermutigen, das, was sie selbst gelernt haben, verschiedenen Anderen (z. B. Mitschülerinnen und Mitschüler, Großeltern) zu erklären und es ihnen gegenüber zu begründen und zu erläutern.

Die Rohstoff-Expedition nutzen: Aufbau und Einsatz des Materials

Das vorliegende Lern- und Arbeitsmaterial orientiert sich am Lebenszyklus eines Handys und besteht aus insgesamt drei Lernmodulen sowie einem vorgeschalteten inhaltlichen Einführungsteil.

Der Lebenszyklus eines Handys

MODUL III: Recycling und Wiederverwertung

MODUL I: Rohstoffgewinnung und Produktion = Entstehung

MODUL II: Nutzung

- Inhaltlicher Einführungsteil: Was (ver)braucht unser Konsum?
- Modul I: Entstehung eines Handys
- Modul II: Nutzung eines Handys
- Modul III: Recycling und Wiederverwertung eines Handys

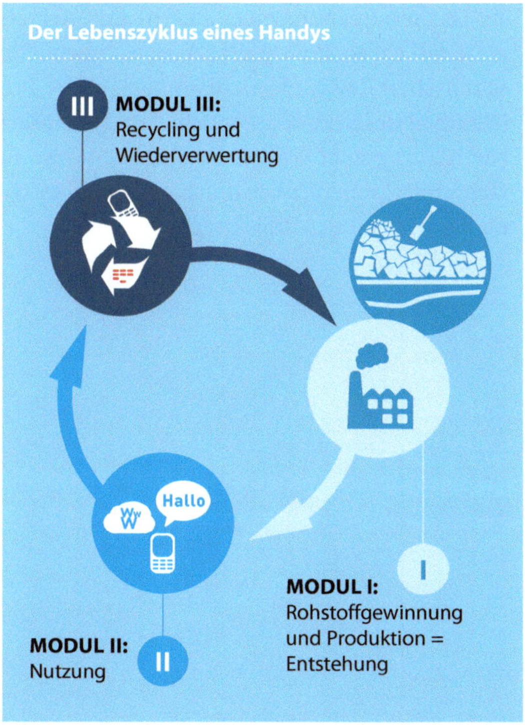

Ganze Lernmodule oder Teile daraus können im Sinne eines „Baukastensystems" frei kombiniert werden und dadurch auf Ihre Schulstufe, die inhaltlichen Voraussetzungen Ihrer Lerngruppe, Ihre fachlichen Schwerpunktsetzungen und Ihre zeitliche Planung angepasst werden. Dadurch wird gleichzeitig eine offene Herangehensweise an die Themen ermöglicht. Die Inhalte wurden interdisziplinär arrangiert und ermöglichen die Beteiligung verschiedener Fächer.

Jedes der drei Lernmodule besteht aus zwei Teilen: einem Sach- und einem Aufgabenteil.

Der **Sachteil** hat einen einführenden Charakter und erschließt die wesentlichen Inhalte des Lernmoduls (d.h. die jeweilige Lebensphase eines Handys). Neben Fließtexten sind dort auch Beispiele, Schaubilder, weiterführende Verweise und Detailinfos enthalten. Wenngleich sich der Sachteil in erster Linie an Sie als Lehrperson richtet, lassen sich die Inhalte auch für Schülerinnen und Schüler nutzen.

5

Der **Aufgabenteil** beinhaltet drei Aufgabenvorschläge pro Lernmodul, die sich unmittelbar auf die Thematik des Sachteils beziehen. Die Aufgaben wurden auf Grundlage der in den Bildungsstandards formulierten Kompetenzen entwickelt. Dabei wurden die Kompetenzbereiche der Naturwissenschaften und der Kompetenzbereich Handlung ergänzt. Dieser spiegelt sowohl die für den Geographieunterricht beschriebene Handlungskompetenz als auch die im Bereich Bildung für eine nachhaltige Entwicklung (BNE) beschriebene Gestaltungskompetenz wider.

Im Kommentar zur Konzeption der Aufgabe werden die durch die Aufgabe geförderten Anforderungsbereiche beschrieben. Begleitende methodisch-didaktische Überlegungen geben Ihnen konkrete Anwendungshinweise an die Hand. Die Bezüge zu Kompetenzbereichen stellen dar, welche Kompetenzbereiche fachlicher Bildungsstandards mit der jeweiligen Aufgabe angesprochen werden (vgl. Anhang A). Diese Angaben sind in Form eines Spinnennetzes (Stäudel 2004) qualitativ visualisiert. Jedes Spinnennetz beinhaltet die Dimensionen Fachwissen, Erkenntnisgewinnung, Kommunikation, Bewertung und Handlung. Die maximale Ausprägung der hier angewendeten dreistufigen Skala befindet sich außen auf dem Kreisbogen. Beispielsweise hat für das Merkmal „Bewertungskompetenz" das im Kreismittelpunkt befindliche Ende der Skala den Wert „geringe Ausprägung in dieser Aufgabe", das andere Ende auf dem Kreisbogen bedeutet „starke Ausprägung in dieser Aufgabe".

Freilich ist es möglich, den Weg nicht nur vom Wissen zum Handeln zu beschreiten, sondern ihn auch vom Handeln zum Wissen zu gehen (vgl. Kruse 2013). So lassen sich in Bildungsangeboten auch Handlungen und die (bisweilen auch irritierenden) Erfahrungen, die dabei gemacht werden, als Ausgangspunkt weiterer Lernprozesse nutzen. Mit der Visualisierung des Weges vom Wissen zum Handeln soll daher keine Einbahnstraße beschrieben, sondern vielmehr Orientierung geboten werden, in welchen Bereichen jede einzelne Aufgabe ihre jeweiligen Schwerpunkte hat.

Schließlich sind im Aufgabenteil Projektideen enthalten, die zu einer weiterführenden, handlungsorientierten Auseinandersetzung mit der Thematik über den formalen unterrichtlichen Bereich hinaus anregen.

Das modular aufgebaute Lern- und Arbeitsmaterial ist so konzipiert, dass es sowohl im schulischen Regelunterricht als auch in der Projektarbeit des Sekundarbereichs I und II einsetzbar ist. Es eignet sich in besonderer Weise für fächerübergreifende Lernformate wie Arbeitsgemeinschaften oder Projekttage.

EXEMPLARISCHES SPINNENNETZ

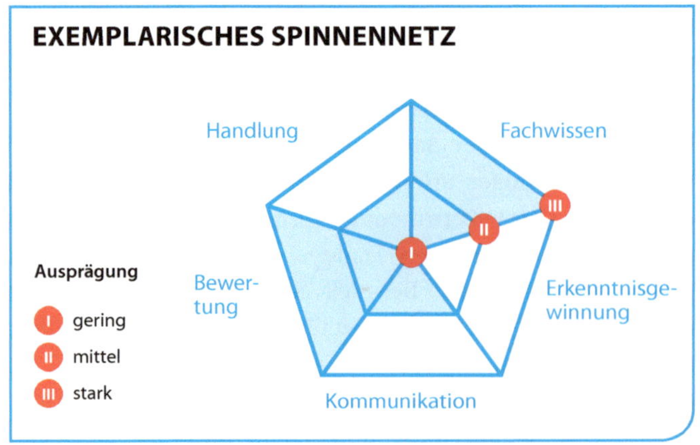

Verweis 2

Das Lern- und Arbeitsmaterials will Lernende im Sinne der Gestaltungskompetenz dabei unterstützen, Wissen in aktives Handeln zu überführen und Strategien für das eigene Handeln und für die eigenen alltäglichen Entscheidungen abzuleiten. Daher schlagen wir aus lernpsychologischer Sicht vor, in der Bearbeitung des Themas fünf Fragen zu berücksichtigen. Zur visuellen Unterstützung sind den Schritten einzelne Symbole zugeordnet:

1. Welche Fragen und Probleme erkenne ich im Zusammenhang mit der Entstehung, Nutzung oder dem Recycling/der Wiederverwertung eines Handys?

2. Welche Folgen hat meine Handynutzung für Mensch und Natur?

3. Wie wichtig ist es mir, mit meinem Verhalten etwas daran zu verbessern?

4. Welche Möglichkeiten habe ich, etwas zu verändern? Welche Folgen wären damit für mich verbunden?

5. Wie kann ich gemeinsam mit anderen aktiv werden?

Im Aufgabenteil werden abschließend stets Angaben dazu gemacht, welche Schritte vom Wissen zum Handeln die Aufgabe in besonderem Maße anspricht.

Die Rohstoff-Expedition im Unterricht umsetzen: Exemplarische Anwendungsszenarien

Das vorliegende Lern- und Arbeitsmaterial eignet sich für den Einsatz in verschiedenen Klassenstufen der Sek. I und II aller Schulformen. Es lässt sich flexibel mit individuell setzbaren Schwerpunkten und Umfängen einsetzen. An dieser Stelle werden Vorschläge für vier Unterrichtsabschnitte gegeben, die exemplarische Anwendungsmöglichkeiten des Lern- und Arbeitsmaterials im Unterricht aufzeigen. Die Unterrichtsabschnitte 1 bis 3 entsprechen inhaltlich den Lernmodulen I bis III. Sie können beliebig kombiniert werden und auch unabhängig voneinander eingesetzt werden. Der vierte Unterrichtsabschnitt dient der Zusammenfassung und Wiederholung der zuvor behandelten Inhalte aus den Unterrichtsabschnitten 1 bis 3. Nach einer kurzen Beschreibung der einzelnen Abschnitte sind die zugehörigen Materialien direkt im Anschluss eingefügt. Die vollständigen Verlaufspläne der Unterrichtsabschnitte befinden sich im Anhang B in tabellarischer Form. Diese beinhalten weitere Angaben zu Zielen, Methoden, Materialien, geförderten Kompetenzbereichen und zum Schritt vom Wissen zum Handeln.

Zuvor sind alle Aufgaben des Lern- und Arbeitsmaterials sowie die Kompetenzbereiche, die die Aufgaben jeweils fördern, kurz und übersichtlich dargestellt. Im Anhang befindet sich zusätzlich eine detaillierte Beschreibung der Bezüge zu Bildungsstandards aus fachdidaktischer Perspektive.

Tabelle 3

	Aufgabentitel	Beschreibung	Fachwissen	Erkenntnis-gewinnung	Kommunikation	Bewertung	Handlung
I.1	Was ist was? – im Handy	Welche Rohstoffe stecken in einem Handy? Die Schülerinnen und Schüler untersuchen die Bauteile eines alten Handys.	x	x	x		
I.2	„Gesucht wird…": Den Metallen auf der Spur	Die Schülerinnen und Schüler dokumentieren anhand von Steckbriefen die Herkunft und Gewinnung ausgewählter Metalle, die im Handy verarbeitet sind.	x	x			
I.3	Willkommen zur Talkshow!	In Form eines Rollenspiels nehmen die Schülerinnen und Schüler die Perspektive verschiedener Akteure ein und diskutieren Möglichkeiten einer nachhaltigen Handyproduktion und -nutzung.		x	x	x	
II.1	Handy-Energien auf der Spur	Wie viel Energie verbraucht ein Handy direkt und indirekt? Die Schülerinnen und Schüler dokumentieren ihre Recherche in Form eines Posters.	x	x			
II.2	Das Handy in unserem Alltag	Die Schülerinnen und Schüler reflektieren, wofür und in welchem Umfang sie ihr Handy nutzen.			x	x	
II.3	Handys – nachhaltig genutzt!	Möglichkeiten nachhaltiger Handynutzung werden im Klassenverband diskutiert und zu Hause umgesetzt.			x	x	x
III.1	Ist das Gold oder kann das weg?	Anhand eines Radiobeitrags arbeiten die Schülerinnen und Schüler zu Urban Mining und anderen Wegen, Handys zu recyceln.	x		x	x	
III.2	Den Schatz heben: Handys sammeln!	Die Schülerinnen und Schüler führen eine Handy-Sammelaktion an der Schule durch und stellen dafür Informationsmaterialien her.			x	x	x
III.3	Wer wird Rohstoff-Experte?	Aus den behandelten Inhalten erarbeiten die Schülerinnen und Schüler Fragen und Antworten für ein Quiz.	x		x		

6.1 Der ökologische Rucksack des Handys in der Entstehungsphase

1. Unterrichtsabschnitt

Der erste Unterrichtsabschnitt dient der Einführung der Begriffe Ökologischer Rucksack und Lebenszyklus eines Produktes am Beispiel des Handys. Dazu werden die Beispiele 2 und 3 (Seite 52f) und Detailinfo 3 (Seite 56) zur gemeinsamen Erarbeitung im Unterrichtsgespräch eingesetzt. Zusätzlich können die Factsheets 3 und 4 (unter www.springer.com/978-3-662-44082-7) zur inhaltlichen Vertiefung herangezogen werden.

Nach der Einführung rückt die Entstehungsphase des Handys in den Mittelpunkt. Die Schülerinnen und Schüler zerlegen in Kleingruppen alte Handys in ihre einzelnen Bauteile und überlegen mithilfe des Arbeitsblatts (Seite 80), aus welchen Stoffen die einzelnen Bauteile bestehen könnten. Im Anschluss an das Quiz wird die Zuordnung im Klassenverband aufgelöst. Dazu kann das Lösungsblatt (Detailinfo 4, Seite 64) in Kopie ausgeteilt oder als Folie an die Wand geworfen werden. Ausgehend von den „Bauteil-Gruppen" Kunststoffe, Metalle und Glas/Keramik können einzelne Stoffe in ihrer Funktion und Anwendung im Handy näher bestimmt werden.

Eine vertiefte Auseinandersetzung mit der Herkunft der Rohstoffe im Handy erfolgt in der Erstellung von Steckbriefen der Metalle Gold, Tantal oder Kupfer. Die Schülerinnen und Schüler arbeiten in Kleingruppen an je einem oder mehreren Steckbriefen und nehmen dafür die Kurzexposés (Factsheet 5a,b,c siehe www.springer.com/978-3-662-44082-7) zur Hilfe. Diese enthalten Informationen zur Verwendung der Metalle im Handy, ihrem Vorkommen, den Umweltauswirkungen und sozialen Folgen ihres Abbaus. Die Ergebnisse der Recherche werden anschließend in die Steckbrief-Vorlage (Vorlage 2, Seite 82) eingetragen. Eine Diskussion über die Ressourcenintensität und den ökologischen Rucksack des Handys in der Entstehungsphase bietet sich zum Abschluss des Unterrichtsabschnitts an.

Der erste Unterrichtsabschnitt ermöglicht die inhaltliche Schwerpunktsetzung in folgenden Bereichen: Abbau und Gewinnung von Rohstoffen für Handys (insbesondere von Metallen), Folgen menschlicher Eingriffe in die Umwelt, seltene Metalle und Versorgungsengpässe (Preissteigerungen, Nutzungskonkurrenzen etc.), chemisch-technische Wege von den Ausgangsstoffen zu den Bauteilen eines Handys, soziale Probleme und Umweltauswirkungen in Verbindung mit der Rohstoffgewinnung, Arbeitsbedingungen in globalen Produktionsprozessen, Rohstoffverteilung und -politik, menschlicher Umgang mit Rohstoffen in vorgeschichtlicher Zeit/seit der Industrialisierung.

6.2 Mein Handy und ich sind (un)zertrennlich?

2. Unterrichtsabschnitt

Der ökologische Rucksack des Handys in der Nutzungsphase steht im Mittelpunkt des zweiten Unterrichtsabschnitts. In einer Placemat-Aktivität (Vorlage 6, siehe www.springer.com/978-3-662-44082-7) tauschen sich die Schülerinnen und Schüler in 4er-Gruppen über die Häufigkeit und Intensität ihrer alltäglichen Handynutzung aus. Im Klassenverband werden die Ergebnisse anschließend zusammengetragen und die Frage diskutiert, inwiefern sich die persönliche Handynutzung auf den ökologischen Rucksack auswirkt.

In einem weiteren Schritt wird die alltägliche Handynutzung unter Nachhaltigkeitsaspekten bearbeitet. Dafür werden die Leitlinien nachhaltigen Konsumierens (Beispiel 7, Seite 100) gemeinsam im Klassenverband besprochen. Anschließend werden alternative Handlungsweisen an der Tafel gesammelt und hinsichtlich ihrer Umsetzbarkeit bewertet. Die Schülerinnen und Schüler denken dabei auch über Gründe nach, aus denen sie die Strategien im persönlichen Alltag anwenden bzw.

nicht anwenden würden. Eine Handlungsstrategie soll während einer einwöchigen Aktionszeit von den Schülerinnen und Schülern umgesetzt und anschließend z. B. in Form eines Essays, Video-Clips oder Foto-Story dokumentiert werden.

Der zweite Unterrichtsabschnitt ermöglicht die inhaltliche Schwerpunktsetzung in folgenden Bereichen: moderne Telekommunikation, globale mediale Vernetzung, Mobilfunknetz und Energieverbrauch, Handystrahlung, Verbraucherschutz, das Handy im Jugendalltag, Sucht, Sprachgebrauch und Sprachwandel, nachhaltige Alternativen der Handynutzung z. B. energiearme Nutzung, Reparatur, lange Nutzungsdauer, alternative Geräte, z. B. das Fairphone (http://www.fairphone.com).

6.3 Der Rohstoff-Schatz im Handy

3. Unterrichtsabschnitt

Der dritte Unterrichtsabschnitt thematisiert die Phase der Wiederverwertung bzw. des Recyclings eines Handys. Durch den Radiobeitrag „Ist das Gold oder kann das weg?" werden die Chancen und Herausforderungen in Zusammenhang mit Urban Mining-Prozessen aufgezeigt: Schätzungsweise 86 Millionen Althandys liegen in deutschen Schubladen und könnten durch Wiederverwertungsverfahren zurückgewonnen werden. Unsicher ist, ob alle Handynutzerinnen und -nutzer bereit dazu wären, ihre Altgeräte abzugeben. Darüber hinaus ist fraglich, ob es gelingt, nicht nur für die besonders ertragreichen, sondern für alle wichtigen Stoffe wirtschaftlich funktionierende Rückgewinnungsverfahren zu entwickeln und zu etablieren. Der Radiobeitrag wird in Verbindung mit Detailinfo 14 (Seite 121) in einer Diskussion im Klassenverband aufgearbeitet. Anschließend diskutieren die Schülerinnen und Schüler in Partnerarbeit über weitere, ihnen bekannte sowie neue Möglichkeiten, ihre alten Handys in den Wiederverwertungskreislauf zurück zu geben.

Der dritte Unterrichtsabschnitt ermöglicht die inhaltliche Schwerpunktsetzung in folgenden Bereichen: Folgen eines nicht geschlossenen Rohstoffkreislaufs, volkswirtschaftliche Berechnungen zum „Schubladen-Schatz", Elektroschrott in Ländern des Globalen Südens und dessen ökologische und soziale Auswirkungen, technische Möglichkeiten des Handyrecyclings (Urban Mining, Stoffströme im integrierten Schmelzer, Akkurecycling), nachhaltige Handywiederverwertung: Recyclinghöfe, Rücknahmesysteme, Sammelstellen, Datenschutz.

6.4 Rohstoff-Experten packen aus: Der ökologische Rucksack des Handys

4. Unterrichtsabschnitt

Der vierte Unterrichtsabschnitt dient der Zusammenfassung und Wiederholung der zuvor behandelten Inhalte in Form eines Rollenspiels. Je nachdem, welche Phasen im Lebenszyklus eines Handys zuvor bearbeitet wurden, kann sich die Talkshow verstärkt mit der Produktion, der Nutzung und/oder der Wiederverwertung von Handys beschäftigen. Die Schülerinnen und Schüler tragen in Kleingruppen Fakten, Argumente und Diskussionsstrategien für die Rollen der Moderatorin, des Minenarbeiters, der Fabrikarbeiterin, des Kunden, des Vertreters und der Umweltaktivistin zusammen und halten diese auf ihren jeweiligen Rollenkarten fest (Vorlage 3). Für die Diskussionsrunde wählen sie jeweils einen Vertreter oder eine Vertreterin, sodass ein Podium mit sechs Schülerinnen und Schülern entsteht. Zentrale Fragen der Talkshow sind die aktuelle Lage in der Produktion/Nutzung/Wiederverwertung von Handys aus Sicht der teilnehmenden Rollen sowie die Frage nach nachhaltigeren Alternativen und deren Umsetzbarkeit. In diesem Unterrichtsabschnitt wird explizit der Kompetenzbereich Bewertung angesprochen, indem die Schülerinnen und Schüler versuchen, die angesprochenen Probleme aus der Perspektive direkt betroffener Personen nachzuvollziehen und die Konsequenzen des ökologischen Rucksacks des Handys auch aus persönlicher Sicht zu bewerten. Diese Übung kann ein vorbereitender Schritt für eine Verhaltensänderung im Alltag der Schülerinnen und Schüler sein.

Der vierte Unterrichtsabschnitt ermöglicht die inhaltliche Schwerpunktsetzung in folgenden Bereichen: globale Produktionsprozesse am Beispiel des Handys, Probleme entlang der Wertschöpfungskette des Handys unter Nachhaltigkeitsaspekten, Beitrag unterschiedlicher Akteure: Staat, Wirtschaft, Zivilgesellschaft, NGOs, Möglichkeiten nachhaltiger Produktion, Nutzung und Wiederverwertung, um den ökologischen Rucksack des Handys zu verkleinern, Handlungsmöglichkeiten auf persönlicher Ebene, seitens des Staates, des Handyproduzenten, des Minenarbeiters, des Vertreters etc.

Literatur zu Teil I

Arbeitsgemeinschaft der Fachverbände Ethik und Philosophie sowie des Humanistischen Verbandes Deutschlands (Hrsg.) (o. J.): Bildungsstandards für die Fächer Ethik, Humanistische Lebenskunde, LER, Philosophie, Philosophieren mit Kindern, Praktische Philosophie, Werte und Normen in der Sekundarstufe I (Kl. 5/7 – 10).

BDK – Bund Deutscher Kunsterzieher, Fachverband für Kunstpädagogik (Hrsg.) (2008): Bildungsstandards im Fach Kunst für den mittleren Schulabschluss.

Bildungsplan Realschule (o. J.): Bildungsstandards für Evangelische Religionslehre. Realschule – Klassen 6, 8, 10.

BITKOM – Bundesverband Informationswirtschaft, Telekommunikation und neue Medien e.V. (2012): Fast 86 Millionen Alt-Handys zu Hause. Presseinformation vom 09.12.2012.

BMBF – Bundesministerium für Bildung und Forschung (Hrsg.) (2003): Zur Entwicklung nationaler Bildungsstandards. Eine Expertise. 2. Aufl., Bonn: BMBF

BMU – Bundesministerium für Umwelt, Naturschutz und Reaktorsicherheit (1992): Konferenz der Vereinten Nationen für Umwelt und Entwicklung im Juni 1992 in Rio de Janeiro – Dokumente – Agenda 21. Bonn: Köllen Druck+Verlag GmbH.

Chen, S. & Chaiken, S. (1999): The heuristic-systematic model in its broader context. In: Chaiken, S. & Trope Y. (Hrsg.): Dual process theories in social psychology. New York: Guildford Press, 73–96.

DeGÖB – Deutsche Gesellschaft für Ökonomische Bildung (Hrsg.) (2004): Kompetenzen der ökonomischen Bildung für allgemein bildende Schulen und Bildungsstandards für den mittleren Schulabschluss.

DeGÖB – Deutsche Gesellschaft für Ökonomische Bildung (Hrsg.) (2009): Kompetenzen der ökonomischen Bildung für allgemein bildende Schulen und Bildungsstandards für den Abschluss der gymnasialen Oberstufe.

DGfG – Deutsche Gesellschaft für Geographie (Hrsg.) (2012): Bildungsstandards im Fach Geographie für den Mittleren Bildungsabschluss mit Aufgabenbeispielen. Bonn: DGfG.

Epstein, S. (1994): Integration of the Cognitive and the Psychodynamic Unconscious. American Psychologist, 49(8), 709–724.

Fischer, D., Michelsen, G., Blättel-Mink, B. & Di Giulio, A. (2011): Nachhaltiger Konsum. Wie lässt sich Nachhaltigkeit im Konsum beurteilen? In: Defila, R., Di Giulio, A. & Kaufmann-Hayoz, R. (Hrsg.): Wesen und Wege nachhaltigen Konsums. Ergebnisse aus dem Themenschwerpunkt „Vom Wissen zum Handeln – Neue Wege zum nachhaltigen Konsum". München: Oekom, 73–88.

Flavell, J.H. et al. (1968): The development of role-taking and communication skills of children. New York: Wiley.

Gallese, V. & Lakoff, G. (2005): The brain's concepts: The role of the sensory-motor system in conceptual knowledge. Cognitive Neuropsychology, 22(3–4), 455–479.

Gebhard, U. (1999): Alltagsmythen und Metaphern. Phantasien von Jugendlichen zur Gentechnik. In: Schallies, M. & Wachlin, K. D. (Hrsg.): Biologie und Gentechnik. Neue Technologien verstehen und beurteilen. Berlin: Springer Verlag, 99–116.

Gebhard, U. & Mielke, R. (2003): „Die Gentechnik ist das Ende des Individualismus." Latente und kontrollierte Denkprozesse bei Jugendlichen. In: Birnbacher, D. et al. (Hrsg.): Philosophie und ihre Vermittlung. Hannover: Siebert, 202–218.

GI – Gesellschaft für Informatik e. V. (Hrsg.) (2008): Grundsätze und Standards für die Informatik in der Schule. Bildungsstandards Informatik für die Sekundarstufe I.

Gilovich, T., Griffin, D. & Kahneman, D. (Hrsg.) (2002): Heuristics and Biases. Cambridge: Cambridge University Press.

GPJE – Gesellschaft für Politikdidaktik und politische Jugend- und Erwachsenenbildung (Hrsg.) (2004): Anforderungen an Nationale Bildungsstandards für den Fachunterricht in der Politischen Bildung an Schulen. Ein Entwurf. 2. Aufl., Schwalbach am Taunus: WOCHENSCHAU Verlag.

Haan, G. de (2006): Bildung für nachhaltige Entwicklung – ein neues Lern- und Handlungsfeld. Unesco heute, 53(1), 4–8.

Haidt, J. (2001): The Emotional Dog and Its Rational Tail: A Social Intuitionist Approach to Moral Judgement. Psychological Review, (108)4, 814–834.

Haidt, J., Koller, S.H. & Dias, M.G. (1993): Affect, culture, and morality, or is it wrong to eat your dog? Journal of Personality and Social Psychology, (65)4, 613–628.

ICT – International Telecommunication Union (2013a): The World in 2013: ICT Facts and Figures.

ICT – International Telecommunication Union (2013b): Mobile-cellular subscriptions. Time series by country.

Joas, H. (1998): Rollen- und Interaktionstheorien in der Sozialisationsforschung. In: Hurrelmann, K.; Ulrich, D. (Hrsg.): Handbuch der Sozialisationsforschung. Wein heim, Basel: Beltz, 137–152.

Kahnemann, D. (2012): Schnelles Denken, langsames Denken, Siedler Verlag: München.

KMK – Sekretariat der Ständigen Konferenz der Kultusminister der Länder in der Bundesrepublik Deutschland (Hrsg.) (2004a): Beschlüsse der Kulturministerkonferenz. Bildungsstandards im Fach Deutsch für den Mittleren Schulabschluss (Jahrgangsstufe 10). Beschluss vom 04.12.2003. München, Neuwied: Luchterhand.

KMK – Sekretariat der Ständigen Konferenz der Kultusminister der Länder in der Bundesrepublik Deutschland (Hrsg.) (2004b): Beschlüsse der Kulturministerkonferenz. Bildungsstandards im Fach Mathematik für den Mittleren Schulabschluss (Jahrgangsstufe 10). Beschluss vom 04.12.2003. München, Neuwied: Luchterhand.

KMK – Sekretariat der Ständigen Konferenz der Kultusminister der Länder in der Bundesrepublik Deutschland (Hrsg.) (2005a): Beschlüsse der Kulturministerkonferenz. Bildungsstandards im Fach Biologie für den Mittleren Schulabschluss (Jahrgangsstufe 10). Beschluss vom 16.12.2004. München, Neuwied: Luchterhand.

KMK – Sekretariat der Ständigen Konferenz der Kultusminister der Länder in der Bundesrepublik Deutschland (Hrsg.) (2005b): Beschlüsse der Kulturministerkonferenz. Bildungsstandards im Fach Chemie für den Mittleren Schulabschluss (Jahrgangsstufe 10). Beschluss vom 16.12.2004. München, Neuwied: Luchterhand.

KMK – Sekretariat der Ständigen Konferenz der Kultusminister der Länder in der Bundesrepublik Deutschland (Hrsg.) (2005c): Beschlüsse der Kulturministerkonferenz. Bildungsstandards im Fach Deutsch für den Hauptschulabschluss (Jahrgangsstufe 9). Beschluss vom 15.10.2004. München, Neuwied: Luchterhand.

KMK – Sekretariat der Ständigen Konferenz der Kultusminister der Länder in der Bundesrepublik Deutschland (Hrsg.) (2005d): Beschlüsse der Kulturministerkonferenz. Bildungsstandards im Fach Mathematik für den Hauptschulabschluss (Jahrgangsstufe 9). Beschluss vom 15.10.2004. München, Neuwied: Luchterhand.

KMK – Sekretariat der Ständigen Konferenz der Kultusminister der Länder in der Bundesrepublik Deutschland (Hrsg.) (2005e): Beschlüsse der Kulturministerkonferenz. Bildungsstandards im Fach Physik für den Mittleren Schulabschluss (Jahrgangsstufe 10). Beschluss vom 16.12.2004. München, Neuwied: Luchterhand.

KMK – Sekretariat der Ständigen Konferenz der Kultusminister der Länder in der Bundesrepublik Deutschland (Hrsg.) (2012a): Beschlüsse der Kulturministerkonferenz. Bildungsstandards im Fach Deutsch für die Allgemeine Hochschulreife. Beschluss der Kultusministerkonferenz vom 18.12.2012.

KMK – Sekretariat der Ständigen Konferenz der Kultusminister der Länder in der Bundesrepublik Deutschland (Hrsg.) (2012b): Beschlüsse der Kulturministerkonferenz. Bildungsstandards im Fach Mathematik für die Allgemeine Hochschulreife. Beschluss der Kultusministerkonferenz vom 18.12.2012.

Kruse-Graumann, L. (2007): Bildung für nachhaltige Entwicklung in deutschen Biosphärenreservaten. Unesco heute, 54 (2), 23–27

Kruse, L. (2013): Vom Handeln zum Wissen – ein Perspektivwechsel für eine Bildung für nachhaltige Entwicklung. In: Pütz, N., Schweer, M. & Logemann, N. (Hrsg.): Bildung für nachhaltige Entwicklung. Frankfurt: PL Academic Research, 31–57.

Kuhn, D. (1991): The skills of argument. Cambridge: Cambridge University Press.

Lakoff, G. (1990): Women, Fire and Dangerous Things. What Categories Reveal about the Mind. Chicago, London: The University of Chicago Press.

Lakoff, G. & Johnson, M. (2007): Leben in Metaphern. Heidelberg: Carl-Auer-Systeme Verlag.

Niebert, K., & Gropengiesser, H. (2014): Understanding the Greenhouse Effect by Embodiment – Analysing and Using Students' and Scientists' Conceptual Resources. International Journal of Science Education, (36)2, 277-303

Niebert, K., Marsch, S., & Treagust, D. (2012): Understanding Needs Embodiment: A Theory-Guided Reanalysis of the Role of Metaphors and Analogies in Understanding Science. Science Education, 96(5), 849–877.

Nisbett, R. E. & Wilson, T. D. (1977): Telling more than we can know: Verbal reports on mental processes. Psychological Review, (84)3, 231–259.

OECD – Organisation für Economic Co-operation and Development (2005): Definition und Auswahl von Schlüsselkompetenzen. Zusammenfassung.

Petty, R. E. & Cacioppo, J. T. (1986): Communication and Persuasion: Central and peripheral Routes to Attitude Change. New York: Springer.

Reitschert, K. & Hößle. C. (2006). Methoden der Präimplantationsdiagnostik und die Frage nach dem Recht auf ein gesundes Kind (Sek. II). Unterrichtsreihe für das Sammelwerk RAAbits Biologie, R0195-001470, Signatur III/ A.

Rychen, D. S. (2008): OECD-Referenzrahmen für Schlüsselkompetenzen – ein Überblick. In: Bormann, I. & de Haan, G. (Hrsg.): Kompetenzen der Bildung für nachhaltige Entwicklung. Operationalisierung, Messung,

Rahmenbedingungen, Befunde. Wiesbaden: VS Verlag für Sozialwissenschaften, 15–22.

Sekretariat der Deutschen Bischofskonferenz (Hrsg.) (2004): Kirchliche Richtlinien zu Bildungsstandards für den katholischen Religionsunterricht in den Jahrgangsstufen 5–10/Sekundarstufe I (Mittlerer Schulabschluss).

Smith, E. R. & DeCoster, J. (2000): Dual-Process Models in Social and Cognitive Psychology: Conceptual Integration and Links to Underlying Memory Systems. Personality and Social Psychology Review, (4)2, 108–131.

Stäudel, L. (2004): Die Spinnennetz-Methode. Analyse naturwissenschaftlicher Arbeitsformen im Unterricht. In: Duit R., Gropengießer, H. & Stäudel, L. (Hrsg.): Naturwissenschaftliches Arbeiten. Seelze: Friedrich Verlag, 9.

Strack, F. & Deutsch, R. (2004): Reflective and impulsive determinants of social behavior. Personality and Social Psychology Review, (8)3, 220–247.

UNDES – United Nations Department of Economic and Social Affairs – Population Division (2004): World Population to 2300. New York.

VDI – Verein deutscher Ingenieure (Hrsg.) (o. J.): Bildungsstandards Technik für den Mittleren Schulabschluss.

VGD – Verband der Geschichtslehrer Deutschlands (Hrsg.) (2007): Bildungsstandards Geschichte. Rahmenmodell Gymnasium 5.–10. Jahrgangsstufe. Schwalbach am Taunus: WOCHENSCHAU Verlag.

Weinert, F. E. (2001): Vergleichende Leistungsmessung in Schulen – eine umstrittene Selbstverständlichkeit. Ders. (Hrsg.): Leistungsmessungen in Schulen. Weinheim: Beltz, 17–32.

Zajonc, R. B. (1980): Feeling and thinking: Preferences need no inferences. American Psychologist, (35)2, 151–175.

Anhang A: Die Rohstoff-Expedition einsetzen: Relevanz für den Unterricht

Das Lern- und Arbeitsmaterial eignet sich in besonderer Weise für den Einsatz im fächerübergreifenden Unterricht. Um mögliche Anknüpfungspunkte und Beiträge einzelner Fächer aufzuzeigen, werden im Folgenden die Bezüge des Lern- und Arbeitsmaterials zu fachlichen Bildungsstandards der KMK sowie zu Bildungsstandards einiger fachdidaktischer Gesellschaften vorgestellt. Darin zeigt sich die Anschlussfähigkeit des Themas Handy im Kontext von nachhaltiger Entwicklung an den Stand aktueller Diskussionen im Bereich der Qualitätssicherung im Bildungssystem.

Die KMK legt zur Qualitätssicherung schulischer Leistungen abschlussbezogene Bildungsstandards fest (vgl. BMBF 2003). Die darin beschriebenen Kompetenzbereiche werden durch die Aufgaben des Lern- und Arbeitsmaterials in unterschiedlicher Weise gefördert. Im Folgenden werden diese Bezüge beispielhaft dargestellt. Unter Ziffer I wird dazu zunächst – aufgeteilt nach Kompetenzbereichen – auf die naturwissenschaftlichen Fächer (Chemie, Physik, Biologie) und anschließend auf das Fach Mathematik eingegangen. Anschließend werden unter Ziffer II Bezüge zu gesellschaftswissenschaftlichen Fächern aufgezeigt. Unter Ziffer III schließlich finden sich beispielhafte Bezüge dann auch für sprachlich-künstlerische Fächer. Die fachlichen Bezüge betreffen, wenn nicht anders vermerkt, Bildungsstandards für den Mittleren Schulabschluss.

I. Fachliche Bildungsstandards der KMK für die Naturwissenschaften

Fachwissen

Im Bereich der Chemie bietet das Lern- und Arbeitsmaterial eine alltagsnahe Auseinandersetzung mit Phänomenen und Begriffen aus den Basiskonzepten Stoff-Teilchen-Beziehungen, Struktur-Eigenschaftsbeziehungen und Chemische Reaktion. Beispielsweise wird in den Aufgaben des Moduls I die Verwendung anorganischer Stoffe wie die meisten Metalle und organischer Stoffe wie Kunststoff in technischen Geräten wie Mobiltelefonen erarbeitet. Die Schülerinnen und Schüler erlernen, aus welchen Ausgangs- und Inhaltsstoffen die Bauteile eines Handys aufgrund ihrer Eigenschaften gefertigt werden. Die Gewinnung und das Recycling von Rohstoffen in ihrer ursprünglichen und verarbeiteten Form sowie die beteiligten chemischen Reaktionen werden in den Modulen I und III thematisiert.

Bezogen auf das Fachwissen der Physik eignet sich die die Aufgabe 1 des ersten Moduls zu

Bauteilen im Handy für Fachwissen in den Bereichen Wechselwirkungen (Ladungen, Magneten) und System (Elektrischer Stromkreis). Die Aufgabe 1 des zweiten Moduls eignet sich für die lebenspraktische Anwendung wie dem Energieverbrauch, dem Aufbau eines Mobilfunknetzes oder elektromagnetischer Strahlung. Modul III beinhaltet Fachwissen aus dem Bereich Materie (Dichte, Volumen, Teilchenmodell), um verschiedene physikalische Trennungsverfahren (Dichteabtrennung, Magnetabscheider) zu thematisieren.

Für das Fach Biologie ergeben sich Bezüge zu den Basiskonzepten System und Entwicklung. Der systemische Ansatz in der Biologie beabsichtigt eine Auseinandersetzung mit Kriterien einer nachhaltigen Entwicklung, die ebenfalls für das gesamte Lern- und Arbeitsmaterial grundlegend sind. Weiterhin wird das Basiskonzept System in den Aufgaben des ersten Moduls umgesetzt, indem der Rohstoffabbau zur Produktion von Handys als Eingriff in die Umwelt und dadurch zur Systemveränderung der Bio-, Lithos-, Hydro- und Atmosphäre betrachtet wird. Durch die Beschäftigung mit dem Rohstoffabbau als menschlichem Eingriff in die Natur erfolgt in der Bearbeitung dieser Aufgaben die Ansprache des Basiskonzepts Entwicklung.

Erkenntnisgewinnung

Die experimentelle Auseinandersetzung mit den Bauteilen des Handys und den darin steckenden Stoffen in Aufgabe 1 des ersten Moduls thematisiert die Herkunft der Rohstoffe (beispielsweise Metalle) und deren Abbau. Die Erstellung der Steckbriefe in Aufgabe 2 des ersten Moduls fördert das Verständnis über die Problemhintergründe des Abbaus von z. B. Gold oder Aluminium. Auf diese Weise gewinnen die Schülerinnen und Schüler Erkenntnisse, die aus chemischer Sicht relevant sind.

Die Rechercheaufträge in den Aufgaben I.3, II.2, II.3 und III.1 zielen auf die eigenständige Informationsbeschaffung und Datenauswahl zu physikalischen Sachverhalten wie (in-)direktem Energieverbrauch, nachhaltiger Handynutzung oder der Wiederverwertung alter ITK-Geräte.

Für das Fach Biologie ergeben sich keine Überschneidungen im Kompetenzbereich Erkenntnisgewinnung.

Kommunikation

Das Lern- und Arbeitsmaterial bietet im Fach Chemie vielfache Möglichkeiten, um gedanklich wie sprachlich Zusammenhänge zwischen chemischen Sachverhalten und Alltagsanwendungen herzustellen, z. B. bei der Zuordnung von Ausgangs- bzw. Inhaltsstoffen und Bauteilen im Mobiltelefon in den Aufgaben des Moduls I. Eine bewusste Übersetzung von Fachsprache in Alltagssprache und umgekehrt findet vor allem im Rollenspiel der Aufgabe I.3, beispielsweise in der Kommunikation zwischen der Umweltaktivistin und dem Kunden oder in Aufgabe III.1 bei der Darstellung von Wiederverwertungsverfahren im integrierten Schmelzer in einem Schülerzeitungsartikel statt. Mittels der Rechercheaufträge in den Aufgaben I.2, I.3, II.2, II.3, III.1, 2 und 3 werden die Fähigkeiten der Schülerinnen und Schüler gefördert, chemisch relevante Informationen auszuwählen, sie mithilfe von Modellen und Darstellungen zu veranschaulichen und auch für Unbeteiligte wie z. B. jüngere Mitschülerinnen und Mitschüler, Freunde oder Verwandte in Form von Vorträgen oder Werbematerialien verständlich zu präsentieren. In fast allen Aufgaben arbeiten die Schülerinnen und Schüler als Team, um ihre Arbeit zu planen, zu strukturieren, zu reflektieren und zu präsentieren. In der Aufgabe „Willkommen zur Talkshow!" lernen sie außerdem, ihre Standpunkte zu den Arbeitsbedingungen beim Coltanabbau oder der Produktion von Leiterplatten z. B. aus der Sicht der Umweltaktivistin zu vertreten.

Die Aufgaben des Moduls I und Aufgabe II.1 befähigen die Schülerinnen und Schüler dazu, den Aufbau und die Wirkungsweise eines Handys sowie des Mobilfunknetzes zu beschreiben und als physikalische Sachverhalte angemessen zu dokumentieren. Die adressatengerechte Dokumentation und Unterscheidung zwischen Fach- und Alltagssprache erfolgt beispielsweise in der Planung einer Kampagne zu nachhaltiger Handynutzung (II.3), der Erstellung eines Schülerzeitungsartikels über Handyrecycling (III.1) oder der Bewerbung der Handysammelaktion mit Flyer, Postern und Presseartikeln (III.2). Auch der mündliche, fachsprachlich korrekte Austausch unter physikalischen Gesichtspunkten über kontroverse Themen wie den Stromverbrauch oder elektromagnetische Strahlung von Handys wird in den Aufgaben I.3, II.1 und 3 gefördert.

Durch die Beschäftigung mit dem Handy in seinen drei Produktlebensphasen referieren, kommunizieren und argumentieren die Schülerinnen und Schüler zu dem gesellschafts- und alltagsrelevanten biologischen Thema des menschlichen Eingriffs in die Umwelt. Diese mündliche Auseinandersetzung mit dem Rohstoffabbau für die Handyproduktion geschieht vor allem in den Aufgaben I.3 und III.2.

Bewertung

Das Lern- und Arbeitsmaterial zum Thema Handy bietet den Schülerinnen und Schüler in fast allen Aufgaben die Gelegenheit, chemische Kenntnisse in lebenspraktisch bedeutsamen Zusammenhängen und Anwendungsbereichen zunächst zu erkennen und darzustellen, sei es der Rohstoffabbau, die Anwendung von Chemikalien zur Gewinnung der Rohstoffe, die Verarbeitung von Ausgangsstoffen zu Bauteilen oder die Wiederverwertung wertvoller Metalle in Prozessen des Urban Mining. Insbesondere die Aufgaben I.3, II.3, III.1 und 2 ermöglichen es den Schülerinnen und Schülern ihre chemischen Kenntnisse in der Diskussion um Wege einer nachhaltigen Handyproduktion und des Handykonsums einzubringen und neue Lösungsstrategien zu entwickeln.

Für den Kompetenzbereich Bewertung im Fach Physik ergeben sich direkte Bezüge vor allem für die Aufgaben I.3, II.3 und III.1, wenn es um Risiken und gesellschaftliche Auswirkungen der Alltagstechnologie Handy geht, die unter physikalischen Aspekten beurteilt werden. Dies ist der Fall, wenn im unterrichtlichen Kontext über hohen Energieverbrauch bei der Handynutzung oder die Wiederaufbereitung von Elektroschrott diskutiert wird. Auch die Bewertung alternativer technischer Lösungen unter Gesichtspunkten einer nachhaltigen Entwicklung gehört zum Kompetenzbereich Bewertung, wenn Möglichkeiten nachhaltiger Handyproduktion, -nutzung und -wiederverwertung erörtert werden.

Die Bezüge des Lern- und Arbeitsmaterials zum Kompetenzbereich Bewertung im Fach Biologie sind in den Aufgaben I.2 und 3, II.3, III.1 und 2 präsent und betreffen insbesondere die Bewertung des menschlichen Eingriffs in das System Erde für den Handykonsum oder auch dessen mögliche gesundheitliche Folgen. Dabei lernen die Schülerinnen und Schüler, zwischen beschreibenden und ethischen Aussagen zu unterscheiden, z. B. wenn sie mit Fakten der Handywiederverwertung argumentieren, um andere zu überzeugen, sich an der Handysammelaktion zu beteiligen. Außerdem bewerten sie den Ist-Zustand des ökologischen Rucksacks des Handys unter Aspekten einer nachhaltigen Entwicklung wie z. B. sozialer Verantwortung, Umwelt- und Naturverträglichkeit oder der eigenen Gesundheit und erörtern Handlungsoptionen für die persönliche Teilhabe.

Fach Mathematik

In der Beschäftigung mit dem Energieverbrauch eines Handys ergeben sich in Aufgabe II.1 Bezüge zur Leitidee Funktionaler Zusammenhang des Fachs Mathematik. Durch die realitätsnahe Fragestellung nach Stromverbrauch und Kosten eines Handys pro Jahr durch das Laden werden die Schülerinnen und Schüler in die Lage versetzt, natürliche Sprache in symbolische bzw. fachliche Sprache in Form einer Funktion zu übersetzen, diese zu lösen und das Ergebnis auf seine Plausibilität zu überprüfen. Auf Grundlage der vorhandenen Aufgabe können weitere Variationen im Rechnen mit Funktionen folgen, z. B. Wie viel kostet das Laden eines Handys pro Jahr, wenn Ökostrom bezogen wird? Wie lange müsste eine Schülerin oder ein Schüler unserer Klasse dafür arbeiten gehen? Wie lange müsste eine Schülerin oder ein Schüler aus Chile/China/Ruanda dafür arbeiten gehen?

In der Sek. II ergeben sich in Kooperation mit dem Fächerverbund Ökonomische Bildung folgende weiterführende Themen: volkswirtschaftliche Gesamtrechnungssysteme, die Preisbildung von Gütern, Löhnen und Zinsen oder Wettbewerb und Wettbewerbsbeschränkungen in ihren Auswirkungen auf Kosten, Preise, Qualitäten und Innovationen.

II. Bildungsstandards fachdidaktischer Gesellschaften

In Anlehnung an die nationalen Bildungsstandards der KMK haben fachdidaktische Gesellschaften entsprechende Kompetenzstufenmodelle entwickelt, zu denen das Lern- und Arbeitsmaterial ebenfalls direkte Bezüge aufweist. Im Folgenden werden diese für die naturwissenschaftlichen Fächer Technik und Informatik, sowie für die gesellschaftswissenschaftlichen Fächer Geographie, Politische Bildung, Ökonomische Bildung und Ethik/Philosophie dargestellt. In einem dritten Schritt werden mögliche Kooperationen mit den sprachlich-künstlerischen Fächern Deutsch, Kunst, Geschichte und ev./kath. Religion beschrieben, sofern das Lern- und Arbeitsmaterial in naturwissenschaftlichen und/oder gesellschaftswissenschaftlichen Fächern eingesetzt wird. Alle fachlichen Bezüge betreffen, wenn nicht anders vermerkt, Bildungsstandards für den Mittleren Schulabschluss.

Naturwissenschaftliche Fächer

Fach Technik

Die Beschäftigung mit dem Thema Handy im Unterricht spricht die vier Kompetenzbereiche Technik verstehen, nutzen, bewerten und kommunizieren an. Zunächst lernen die Schülerinnen und Schüler das Mobiltelefon und die zugehörige Infrastruktur als technisches Sachsystem kennen, das im Zusammenhang technischer Innovation und Entwicklung integraler Bestandteil der heutigen Berufs-, Arbeits- und Lebenswelt ist. Dies geschieht beispielsweise in den Aufgaben I.1 und 2, II.1 und 2. Dort erfolgt auch die Einübung einer verantwortungsvollen Nutzung, die die Kriterien Umweltfreundlichkeit, Unfallverhütung und Gesundheitsschutz miteinschließt. In den Aufgaben II.3 und III.2 werden zudem praktische Leitlinien zur Pflege, Reparatur und Entsorgung von Mobiltelefonen erarbeitet. Des Weiteren steht besonders die Bewertung ambivalenter Auswirkungen der Alltagstechnologie Handy im Mittelpunkt, z. B. wenn Umweltauswirkungen und soziale Folgen des Rohstoffabbaus oder der Entsorgung, auch aus der Perspektive direkt wie indirekt Betroffener, diskutiert und Handlungsspielräume ausgewertet werden. An dieser Stelle knüpft die Förderung der Kommunikationskompetenzen der Schülerinnen und Schüler an, um sich z. B. über technische Details des Handys informieren und austauschen zu können oder in der Lage zu sein, sie situations- und adressatengerecht zu präsentieren. Auch die Fähigkeit, die Bedeutung des Handys aus Sicht von Technikproduzenten, -konsumenten und -destruenten beschreiben zu können, wird durch das Lern- und Arbeitsmaterial gefördert.

Fach Informatik

Bezüge zum Fach Informatik ergeben sich in der Betrachtung des komplexer werdenden Mobiltelefons als Informatiksystem im Kompetenzbereich Informatik, Mensch und Gesellschaft. In der Wechselwirkung des Handys mit seiner gesellschaftlichen Einbettung erlernen die Schülerinnen und Schüler, Entscheidungsfreiheiten wahrzunehmen und angemessen auf Nutzungsrisiken zu reagieren, z. B. wenn in den Aufgaben II.3 und III.2 Verbraucher- und Datenschutz sowie Möglichkeiten nachhaltiger Handynutzung und -wiederverwertung, thematisiert werden.

Gesellschaftswissenschaftliche Fächer

Fach Geographie

Fachwissen. Im Geographieunterricht können exemplarisch Wechselwirkungen zwischen naturgeographischen Gegebenheiten und menschlichen Aktivitäten am Beispiel des Mobiltelefons beleuchtet werden. Durch mehrere Aufgaben wird die Fähigkeit der Schülerinnen und Schüler gefördert, Mensch-Umwelt-Beziehungen in Räumen unterschiedlicher Art und Größe zu analysieren. Dies geschieht beispielsweise in der Auseinandersetzung mit dem Abbau von Rohstoffen, die für die Produktion von Handybauteilen benötigt werden (I.1). Dabei stehen die Auswirkungen sowohl für die Naturräume als auch für die an der Arbeit beteiligten Menschen im Mittelpunkt (I.2). Ebenfalls werden die Schülerinnen und Schüler dazu angeregt, mögliche ökologisch, sozial und/oder ökonomisch sinnvolle Maßnahmen zu erläutern, die zum Schutz der beteiligten Räume und Personen beitragen (I.3, II.3, III.1 und 2).

Erkenntnisgewinnung/Methoden. Um Antworten auf geographisch relevante Fragestellungen zu erhalten, sind die Schülerinnen und Schüler in den Rechercheaufträgen der Aufgaben I.2 und 3, II.1 und III.1 dazu aufgefordert, Informationen problem-, sach- und zielgemäß auszuwählen, zu strukturieren und zu bewerten. Beispielsweise können Karten und Diagramme herangezogen werden, um das Vorkommen von Lithium oder Aluminium in verschiedenen Ländern zu untersuchen. Auch Texte, Bilder und Statistiken können zum Verständnis globaler Wiederverwertung von seltenen Metallen oder der Infrastruktur des Mobilfunknetzes beitragen.

Kommunikation. Die Aufgaben I.2 und 3, II.3, III.1 und 2 eignen sich, damit die Schülerinnen und Schüler lernen, die gewonnen Informationen in Sach- und Werturteile zu unterteilen und diese fach-, situations- und adressatengerecht zu präsentieren, z. B. bei der Talkshow, bei der Kampagne zu nachhaltiger Handynutzung oder einem Presseartikel zu Urban Mining. Auch das logische, fachlich korrekte Argumentieren und Diskutieren können hier gefördert werden.

Beurteilung/Bewertung. Die Auswirkungen des globalen Handykonsums in seinen üblichen drei Lebensphasen werden durch das gesamte Lern- und Arbeitsmaterial hinweg anhand nachhaltigkeits-bezogener Kriterien wie ökologischer, ökonomischer und sozialer Adäquanz, Gegenwarts- und Zukunftsbedeutung oder Perspektivität beurteilt. Dazu werden geographische Kenntnisse z. B. zum Rohstoffabbau oder zu Arbeitsbedingungen aus klassischen wie modernen Informationsquellen ausgewählt und für die Beurteilung herangezogen.

Handlung. In den Aufgaben I.3, II.3 und III.2 werden Möglichkeiten nachhaltiger Handyproduktion, -nutzung und -wiederverwertung diskutiert. Dadurch lernen die Schülerinnen und Schüler umwelt- und sozialverträgliche Strategien im Umgang mit dem Mobiltelefon sowie erste Lösungsansätze kennen, die ihr persönliches Interesse an geographisch relevanten Problemen steigern können. Zudem zielen die genannten Aufgaben auf eine erhöhte Handlungsbereitschaft der Schülerinnen und Schüler, andere Personen über nachhaltigen Handykonsum zu informieren, an raumpolitischen Entscheidungsprozessen zu partizipieren und sich im Alltag für eine nachhaltige Entwicklung durch den eigenen Handykonsum einzusetzen. Dazu gehört auch die Reflexion eigener und fremder Handlungen in Bezug auf ihren Beitrag zu einer nachhaltigen Entwicklung und das Denken in Alternativen.

Fach Politische Bildung

In den Aufgaben I.2 und 3 und III.1 lässt sich politische Urteilsfähigkeit einüben, indem die Handyproduktion, -nutzung und -wiederverwertung als Globalisierungsprozesse in den Bereichen Politik, Wirtschaft und Gesellschaft erläutert werden. Über das vorliegende Lern- und Arbeitsmaterial hinaus könnte im Fach Politische Bildung die Rolle politischer Akteure im globalisierten Handykonsum stärker beleuchtet werden, z. B. durch eine zusätzliche Rolle „Regierungsvertreter/in" in der Talkshow, die Thematisierung des Einflusses der Zivilgesellschaft durch eine Kampagne zu nachhaltiger Handynutzung oder die Bewertung globaler Abfall- und Recyclinggesetze in Bezug auf Elektroschrott. Für Schülerinnen und Schüler der Sek. II könnten zusätzlich Politikfeldanalysen und kleine statistische Erhebungen in Form von Fragebögen oder Interviews durchgeführt werden sowie Formen politischen Engagements konkrete Umsetzung finden. Politische Handlungsfähigkeit wird in den Aufgaben II.3, III.1 und 2 gefördert, wenn es darum geht, eine eigene politische Position zum Handykonsum öffentlich in Form von Klassendiskussionen, Flyern, Plakaten oder in einer Kampagne zu vertreten und daraus auch Konsequenzen für den eigenen Konsum zu ziehen. Durch das gesamte Lern- und Arbeitsmaterial werden ebenfalls methodische Fähigkeiten wie das Arbeiten in Gruppen, mediengestützte Recherchen und adressatengerechte Ergebnispräsentationen gefördert.

Fach Ökonomische Bildung

Für den Fachbereich Ökonomische Bildung ergeben sich vielerlei Bezüge zu wirtschaftlichen Prozessen innerhalb des Lebenszyklus des Handys als Konsumgut. Die Aufgaben I. 2 und 3 und II.3 bieten beispielsweise Gelegenheit, den Handykonsum aus Sicht der Produzenten, der Verbraucherinnen und Verbraucher oder des Staates unter Kosten-Nutzen-Aspekten zu analysieren und auch Risiken und Wettbewerbsbeschränkungen mit einzubeziehen. Des Weiteren können Probleme wie Umweltbelastungen, ungerechte Arbeitsbedingungen sowie auf das Handy bezogene Preisbildung thematisiert und mithilfe des Konzepts des ökologischen Rucksacks visualisiert werden. In den Aufgaben II.3 und III.2 kann zudem auf Voraussetzungen und Möglichkeiten nachhaltigen Wirtschaftens in der Handyproduktion, -nutzung und -wiederverwertung eingegangen werden, um die Schülerinnen und Schüler zu befähigen, entsprechende Konsumentscheidungen treffen zu können. Als Vertiefung für die Sek. II bieten sich vor allem in den genannten Aufgaben Gelegenheiten, um – auch in Kooperation mit dem Fach Mathematik – Themen wie internationale Geld- und Güterkreisläufe, volkswirtschaftliche Gesamtrechnungssysteme oder das Zusammenwirken von Wirtschaft und Staat am Beispiel des Mobiltelefons zu vertiefen.

Fach Geschichte

Eine Vertiefung und Erweiterung des Lern- und Arbeitsmaterials im Fach Geschichte kann thematisch im Sachbereich Menschen in vorgeschichtlicher Zeit realisiert werden. In Verbindung mit den Aufgaben des Moduls I bietet sich eine Beschäftigung mit dem Rohstoffabbau in der Bronze- und Eisenzeit an, durch die der Rohstoffabbau als menschlicher Eingriff in den Naturhaushalt bewertet und mit heutigen Verhältnissen verglichen wird. Fragen nach dem Ausmaß, dem Vorgehen und den Motiven der Menschen „damals" und „heute" könnten dabei diskutiert werden. So kann auch der menschliche Umgang mit Rohstoffen insbesondere seit der Industrialisierung kritisch beleuchtet werden.

Fach Ethik/Philosophie

Das Lern- und Arbeitsmaterial zum Thema Handy stellt einen umfassenden, jugendalltagsnahen Anwendungskontext für die Bearbeitung ethischer Fragestellungen dar, in dem nachhaltigkeitsbezogene Werte wie inter- und intragenerationelle Gerechtigkeit oder soziale Verantwortung berücksichtigt werden. In den Aufgaben I.3, II.2 und 3 lernen die Schülerinnen und Schüler, ihre Bedürfnisse in Bezug auf die persönliche Handynutzung wahrzunehmen und sich auch in andere Perspektiven einzufühlen, z. B. die der Minenarbeiterinnen und Minenarbeiter, der Unternehmerinnen und Unternehmer oder der Menschen, die ohne ITK-Geräte leben. In den Diskussionsrunden fast aller Aufgaben üben die Schülerinnen und Schüler, anderen eigene Gedanken verständlich zu machen und sich durch die Rückmeldung selbst zu reflektieren. Auch das gemeinsame Finden und Begründen von Urteilen in Bezug auf die derzeitige globale Handyproduktion, -nutzung und -wiederverwertung wird in diesen Aufgaben eingeübt. Bedeutender Bestandteil der Aufgaben II.2 und 3 ist es zudem, eigene Meinungen und Wertvorstellungen kritisch zu reflektieren, z. B. durch die Frage „Warum empfinde ich Strategien nachhaltiger Handynutzung für mich persönlich schwer umsetzbar?“ Des Weiteren fördern die Aufgaben I.3, II.3 und III.2 eine an Werten der Nachhaltigkeit ausgerichtete Suche nach Handlungsalternativen. Die gemeinsame Umsetzung ermittelter Strategien in Form einer Kampagne oder der Handysammelaktion stellt den lebenspraktischen Aspekt der Beschäftigung mit ethischen Fragestellungen in den Vordergrund.

Fach ev./kath. Religion

Der Bezug zu Fächern der Religionslehre besteht in der Anwendung christlicher moralischer Grundsätze auf ethische Fragen des Handykonsums. Die Entstehung, Nutzung und Wiederverwertung von Mobiltelefonen kann im Zusammenhang mit christlichen Werten wie der Bewahrung der Schöpfung, globaler Solidarität und sozialer Gerechtigkeit thematisiert werden.

Sprachlich-künstlerische Fächer

Fach Deutsch

Durch Kooperationen mit dem Fach Deutsch lassen sich Bezüge zu den Kompetenzbereichen Sprechen und Zuhören, Schreiben, Lesen, mit Texten und Medien umgehen und Sprache und Sprachgebrauch untersuchen bzw. reflektieren herstellen. Besonders in den Aufgaben II.2 und 3, III.1 und 2 können Recherche- und Dokumentationsaufgaben im Rahmen des Deutschunterrichts entstehen, z. B. wenn Zeitzeugen-Interviews geführt, Presseartikel oder Texte für Essays und Kampagnen verfasst werden. Weitere Themen für Vertiefungen im Fach Deutsch sind Handysprache und Sprachwandel, Darstellung fiktionaler Welten im Medium Handy oder manipulative Strategien der Handywerbung.

Fach Kunst

Kooperationen mit dem Fach Kunst ergeben sich in der Bearbeitung der Aufgaben II.3 und III.2. Zum einen bietet die Dokumentation der Aktionszeit die Möglichkeit, subjektive Erfahrungen mit Strategien nachhaltiger Handynutzung kreativ in Form von Bild-Collagen, Comics, Foto-Storys oder Video-Clips zu verarbeiten. Zum anderen können für die Bewerbung der Handy-Sammelaktion Flyer, Poster und Presseartikel, auch unter Zuhilfenahme technisch-grafischer Mittel, gestaltet werden.

Anhang B: Die Rohstoff-Expedition umsetzen: Verlaufspläne der Unterrichtsabschnitte

Das Handy und sein ökologischer Rucksack in der Entstehungsphase

1. Unterrichtsabschnitt

Tabelle 4

Sequenz	Unterrichtsgeschehen	Ziel	Methode
Einführung	L. erläutert das Konzept des ökologischen Rucksacks sowie das des Lebenszyklus eines Produktes am Beispiel Handy	SuS kennen das Konzept des ökolog. Rucksacks, den unsichtbaren „Naturverbrauch" in den Phasen Entstehung, Nutzung, Recycling	Lehrvortrag/ Unterrichtsgespräch
I.1a, b*: Was ist was? – im Handy	SuS werden in Gruppen (4–6 SuS) geteilt und zerlegen alte Handys in ihre einzelnen Bauteile, SuS benennen die Bauteile sowie die vermuteten Inhalts-/ Ausgangsstoffe	SuS bringen Vorerfahrungen über die Zusammensetzung eines Handys ein und revidieren dieses ggf., SuS erarbeiten experimentell die Bauteile und Inhalts-/Ausgangsstoffe eines Handys	Gruppenarbeit
I.2a: „Gesucht wird…": Den Metallen auf der Spur	L. erläutert den Aufbau der Steckbriefe, SuS erarbeiten in Gruppen (4–6 SuS) die Kurzexposés (1 Metall pro Gruppe) und füllen den Steckbrief aus	SuS sind über die Knappheit des Rohstoffs sowie über die sozialen/ ökologischen Folgen seines Abbaus informiert	Gruppenarbeit

* Modul I (Entstehung), Aufgabe 1a, b

Material	Beispielhafte Zuordnung zu Kompetenzbereich (Fach)	Vom Wissen zum Handeln
Beispiel 2, 3 (LM, S. 52f), Detailinfo 3 (LM, S. 56), Factsheets 3, 4 (unter www.springer.com/978-3-662-44082-7)	– Fachwissen (Biologie: System) – Beurteilung/Bewertung (Geographie) – Ökonomische Systemzusammenhänge erklären (Ökonomische Bildung)	?
Ausrangierte Handys (1 pro Gruppe), Schraubenzieher (Torx Sechsrund, Kreuzschlitz), Arbeitsblätter (Bauteil – Stoff, Kopiervorlagen für den Unterricht, S. 80, unter www.springer.com/978-3-662-44082-7), Lösungsblatt (Detailinfo 4, LM, S. 64)	– Fachwissen (Chemie: Stoff-Teilchen-Beziehungen; Physik: System, Wechselwirkungen) – Kommunikation (Chemie, Physik) – Bewertung (Chemie) – Technik verstehen und kommunizieren (Technik) – Methodische Fähigkeiten (Politische Bildung) – Denken, Argumentieren und Urteilen, Planen und Handeln (Ethik/Philosophie)	?
Kurzexposés Gold, Tantal, Kupfer (www.springer.com/978-3-662-44082-7), Steckbrief-Vorlagen zum Ausfüllen (Vorlage 2, LM, S. 82)	– Fachwissen (Biologie: System, Entwicklung; Geographie: Mensch-Umwelt-Beziehungen in Räumen unterschiedlicher Art und Größe; Chemie: Stoff-Teilchen-Beziehung, Struktur-Eigenschafts-Beziehungen, chemische Reaktion) – Erkenntnisgewinnung (Geographie; Chemie) – Kommunikation (Chemie, Physik) – Bewertung (Biologie, Geographie, Chemie,) – Technik verstehen, nutzen, bewerten, kommunizieren (Technik) – Informatik, Mensch und Gesellschaft (Informatik) – Politische Urteilsfähigkeit, Methodische Fähigkeiten (Politische Bildung) – Rahmenbedingungen der Wirtschaft verstehen und mitgestalten, Konflikte perspektivisch und ethisch beurteilen (Ökonomische Bildung) – Planen und Handeln (Ethik/Philosophie), Handlung (Geographie)	?

Mein Handy und ich sind (un)zertrennlich?

2. Unterrichtsabschnitt

Tabelle 5

Sequenz	Unterrichtsgeschehen	Ziel	Methode
II.2a,b: Das Handy in unserem Alltag	SuS füllen in 4er-Gruppen die Placemat-Vorlage zu Art und Häufigkeit persönlicher Handynutzung aus, die Gruppenergebnisse werden innerhalb der Klasse verglichen und bewertet	SuS vergegenwärtigen sich eigene Nutzungsmuster im Handyumgang und vergleichen diese mit denen der MitSuS	Gruppenarbeit, Unterrichtsgespräch
II.3a, b: Handys – nachhaltig genutzt!	L. erklärt die R-Regeln nachhaltigen Konsumierens und diskutiert mit den SuS Möglichkeiten nachhaltiger Handynutzung sowie deren persönlich wahrgenommene Umsetzbarkeit, SuS setzen eine Aktionsidee selbst für den Zeitraum einer Woche um und dokumentieren ihre Erfahrungen	SuS kennen Möglichkeiten nachhaltiger Handynutzung und bewerten diese in Hinblick auf Umsetzbarkeit im persönlichen Alltag, SuS setzen eine Aktionsidee für eine Woche selbst um	Unterrichtsgespräch

Der Rohstoff-Schatz im Handy

3. Unterrichtsabschnitt

Tabelle 6

Sequenz	Unterrichtsgeschehen	Ziel	Methode
III.1a, b: Ist das Gold oder kann das weg?	SuS hören den Radiobeitrag „Ist das Gold oder kann das weg?" (28 min.), L. fasst mit SuS Potenziale und Schwierigkeiten des Urban Mining zusammen, L. fordert die SuS auf, in Partnerarbeit über ihnen bekannte und eigene Ideen der Handywiederverwertung zu diskutieren	SuS kennen den Begriff Urban Mining und damit verbundene Vor- und Nachteile, SuS vergegenwärtigen sich ihnen bekannte Handlungsmöglichkeiten und entwickeln zusammen mit anderen eigene Ideen	Radiobeitrag, Unterrichtsgespräch, Partnerdiskussion

Material	Beispielhafte Zuordnung zu Kompetenzbereich (Fach)	Vom Wissen zum Handeln
Placemat-Vorlage im A3-Format (1 pro Gruppe, Vorlage 6 unter www.springer.com/978-3-662-44082-7)	- Technik verstehen, kommunizieren (Technik) - Informatik, Mensch und Gesellschaft (Informatik) - Methodische Fähigkeiten (Politische Bildung) - Wahrnehmung und Beobachtung, Gefühl, Denken, Erfahrung, Argumentieren und Urteilen, Planen und Handeln (Ethik/Philosophie)	 
Beispiel 7 (LM, S. 100), Tafel, Klebepunkte, Beispiele für nachhaltige Handynutzung (LM, S. 101)	- Fachwissen (Biologie: System; Geographie: Mensch-Umwelt-Beziehungen in Räumen unterschiedlicher Art und Größe) - Kommunikation, Handlung (Geographie) - Bewertung (Chemie, Physik, Biologie) - Kommunikation (Physik) - Technik nutzen, bewerten, kommunizieren (Technik) - Informatik, Mensch und Gesellschaft (Informatik) - Politische Handlungsfähigkeit (Politische Bildung) - Entscheidungen ökonomisch begründen, Handlungssituationen ökonomisch begründen, Rahmenbedingungen der Wirtschaft verstehen und mitgestalten, Konflikte perspektivisch und ethisch beurteilen (Ökonomische Bildung) - Wahrnehmung und Beobachtung, Denken, Argumentieren und Urteilen, Planen und Handeln (Ethik/Philosophie)	  

Material	Beispielhafte Zuordnung zu Kompetenzbereich (Fach)	Vom Wissen zum Handeln
Radiobeitrag (http://www.radiofuzzie.com/proben-rundfunk-2011.html#Sinn_Unsinn_Machbarkeit_Urban_Mining) über Internetstream, Lautsprecherboxen, Detailinfo 14 (LM, S. 121)	- Fachwissen (Chemie: chemische Reaktion; Geographie: Mensch-Umwelt-Beziehungen in Räumen unterschiedlicher Art und Größe) - Erkenntnisgewinnung (Physik), - Kommunikation (Chemie, Geographie, Physik) - Bewertung (Chemie, Physik, Biologie, Geographie) - Technik bewerten, kommunizieren (Technik) - Rahmenbedingungen der Wirtschaft verstehen und mitgestalten, Konflikte perspektivisch und ethisch beurteilen (Ökonomische Bildung) - Denken, Argumentieren und Urteilen (Ethik/Philosophie)	   

Rohstoff-Experten packen aus: Der ökologische Rucksack des Handys

4. Unterrichtsabschnitt

Tabelle 7

Sequenz	Unterrichtsgeschehen	Ziel	Methode
I.3a: Willkommen zur Talkshow!	L. stellt das Thema der Talkshow und die teilnehmenden Rollen vor, SuS teilen sich in 6 Gruppen auf und recherchieren nach Argumenten aus der Sicht der jeweiligen Rolle (Fragen: Warum ist die Produktion, Nutzung und Wiederverwertung von Handys noch nicht nachhaltig? Wie könnte eine nachhaltige Handyproduktion, -nutzung und -wiederverwertung aussehen bzw. ggf. umgesetzt werden?	SuS organisieren bekannte und neue Informationen aus Sicht ihrer jeweiligen Rolle neu, sie können aus unterschiedlichen Quellen relevante Informationen auswählen und diese in Form von Argumenten aufbereiten	Gruppenarbeit
I.3b: Willkommen zur Talkshow!	SoS in der Rolle der Moderation eröffnet und leitet Talkshow als Diskussionsrunde über o.g. Fragen	SuS bewerten die aktuelle Situation in der Handyproduktion, -nutzung und -wiederverwertung aus der Perspektive ihrer jeweiligen Rolle unter Gesichtspunkten einer nachhaltigen Entwicklung sowie ihrer Lebenssituation	Rollenspiel

Material	Beispielhafte Zuordnung zu Kompetenzbereich (Fach)	Vom Wissen zum Handeln
Factsheets 2, 3, 4, 5, 6, 7, 9, 12, 13, 15 (www.springer.com/978-3-662-44082-7), Rollenkarten (LM, Vorlage 3 ab S. 84ff)	– Fachwissen (Biologie: Entwicklung) – Erkenntnisgewinnung (Physik, Chemie), Erkenntnisgewinnung/Methoden (Geographie) – Kommunikation (Chemie, Physik, Biologie) – Bewertung (Chemie, Physik, Biologie), Beurteilung/Bewertung (Geographie) – Technik nutzen, bewerten, kommunizieren (Technik) – Informatik, Mensch und Gesellschaft (Informatik) – Methodische Fähigkeiten (Politische Bildung) – Planen und Handeln (Ethik/Philosophie)	
Sitzordnung für Gesprächsrunde, evtl. Requisiten (Kleidung, Gegenstände)	– Fachwissen (Biologie: Entwicklung; Geographie: Mensch-Umwelt-Beziehungen in Räumen unterschiedlicher Art und Größe) – Kommunikation (Chemie, Physik, Biologie, Geographie) – Bewertung (Chemie, Physik, Biologie), Bewertung/Beurteilung (Geographie) – Technik nutzen, bewerten, kommunizieren (Technik) – Informatik, Mensch und Gesellschaft (Informatik) – Politische Urteilsfähigkeit (Politische Bildung) – Entscheidungen ökonomisch begründen, Handlungssituationen ökonomisch analysieren, Ökonomische Systemzusammenhänge erklären, Rahmenbedingungen der Wirtschaft verstehen und mitgestalten, Konflikte perspektivisch und ethisch beurteilen (Ökonomische Bildung) – Wahrnehmung und Beobachtung, Gefühl, Denken, Argumentieren und Urteilen, Planen und Handeln (Ethik/Philosophie), Handlung (Geographie)	

II Einführung – Was (ver)braucht unser Konsum?

Unser Konsum hat Folgen

Mit unseren Entscheidungen, welche Konsumgüter wir auswählen und wie wir mit ihnen umgehen, sind vielfältige Folgen für Mensch und Umwelt verbunden.

Im Supermarkt, im Internet-Shop oder im Kaufhaus sind wir Kundinnen und Kunden, die dort erhältliche Waren kaufen. Häufig wird das, was wir dort tun, als „Konsum" bezeichnet. Konsumieren lassen sich jedoch nicht nur Güter, die man erwirbt (z.B. ein neues Handy oder ein Auto), sondern auch Dienstleistungen, die man nutzt (z.B. im Internet surfen können mit dem Handy, eine Reise mit der Bahn unternehmen). Sowohl Güter als auch Dienstleistungen sind gemeint, wenn wir im Folgenden von Konsumgütern sprechen.

In der wissenschaftlichen Diskussion wird das Verständnis von Konsum jedoch in der Regel weiter gefasst (vgl. Fischer et al. 2011). Konsum um-

DETAILINFO 1

fasst dabei nicht mehr nur den Kauf bestimmter Güter, sondern auch die Art und Weise, wie wir sie nutzen, warten, reparieren und uns schließlich wieder von ihnen trennen. Wenn es also im Folgenden um unseren Konsum geht, sind damit alle Handlungen gemeint, die mit der Auswahl und Beschaffung von Konsumgütern über deren Ge- und Verbrauch bis hin zu ihrer Entsorgung bzw. Wiederverwertung zusammenhängen.

All diesen Handlungen ist gemein, dass sie auf ein Ziel gerichtet sind: unsere Wünsche und Bedürfnisse zu befriedigen. Konsumgüter müssen nicht mehr nur funktional sein, sondern auch symbolisch überzeugen: Es reicht nicht allein, dass die Jacke mich gut wärmt – sie muss auch zu mir passen und anderen gegenüber zeigen, wer ich bin. In Konsumgesellschaften wie der unseren kann die Rolle, die Konsumgüter bei der Befriedigung unserer Bedürfnisse und Wünsche spielen, kaum überschätzt werden.

Verweis 3

Auf den Spuren unseres Konsums: der Internet-Film „Story of Stuff"

Die Aktivistin Annie Leonard hat sich mehrere Jahre lang an die Spuren unseres Konsums geheftet und ihre Ergebnisse in einem unterhaltsamen Internet-Kurzfilm (ca. 20 Min.) aufbereitet, der binnen kurzer Zeit große Bekanntheit erreichte. Das Internet-Portal Utopia hat den Film aus dem Englischen ins Deutsche synchronisiert.

www.utopia.de/magazin/the-story-of-stuff

Mit unseren Entscheidungen, welche Konsumgüter wir auswählen und wie wir mit ihnen umgehen, sind vielfältige Folgen für Mensch und Umwelt verbunden.

Folgen für Menschen zeigen sich in globaler Sichtweise vor allem darin, dass die Möglichkeiten für Menschen, ihre Bedürfnisse zu befriedigen und ein gutes Leben zu führen, weltweit sehr ungleich verteilt sind (siehe Beispiel 1). Die Produktion und der Konsum von Gütern können diese Bedingungen zum Teil stark beeinflussen.

Wenn Jugendliche z. B. täglich 14 Stunden in einer Fabrik ohne nennenswerte Schutzvorkehrungen Kleidung färben müssen, um ihre Familien zu ernähren, werden dadurch ihre Möglichkeiten gefährdet, Bildung zu genießen und ein Leben bei guter Gesundheit zu führen.

Folgen für die Umwelt resultieren daraus, dass natürliche Ressourcen benötigt werden, um die Konsumgüter herzustellen und zu transportieren, die wir ge- und verbrauchen. Der weltweite Ressourcen- und Energieverbrauch wächst kontinuierlich: Im Jahr 2010 verbrauchte die Menschheit rund 60 Mrd. t Ressourcen (UNEP 2011). Laut Prognosen wird diese Zahl bis 2020 auf mehr als 80 Mrd. t steigen (vgl. OECD 2008). Während der Anteil der OECD-Länder abnimmt, wächst der Anteil anderer Länder, wozu insbesondere die so genannten BRIICS-Staaten beitragen (Brasilien, Russland, Indien, Indonesien, China, Südafrika). Zu dieser steigenden Tendenz trägt eine Vielzahl weiterer Faktoren bei. Zu den wichtigsten gehören:

- der Anstieg der Weltbevölkerung (Prognosen gehen von einem Anstieg auf 9 Mrd. Menschen bis 2050 aus),
- das globale Modell des Wirtschaftswachstums (Studien zeigen, dass die Steigerung des Bruttoinlandsprodukts in den letzten vier Jahrzehnten stets von einer Zunahme des Primärenergieverbrauchs begleitet wurde, vgl. EREC & Greenpeace 2007),

BEISPIEL 1

Wenn die Welt ein Dorf wäre ...

Die Umweltwissenschaftlerin Donella Meadows, bekannt geworden vor allem durch das von ihr mitverfasste Buch „Die Grenzen des Wachstums", schlug vor, die Welt als Dorf mit 100 Einwohnerinnen und Einwohnern zu betrachten, um Größenordnungen im globalen Maßstab vergleichbar zu machen. Wenn die Welt ein solches Dorf wäre, in dem nur 100 Menschen lebten, wären davon ...

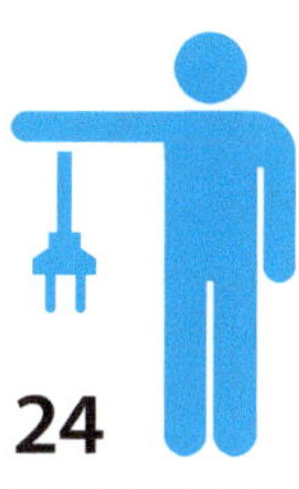

24 Menschen ohne Zugang zu Elektrizität

15 Menschen übergewichtig

20 Menschen unterernährt

7 Menschen mit Zugang zu einem Computer

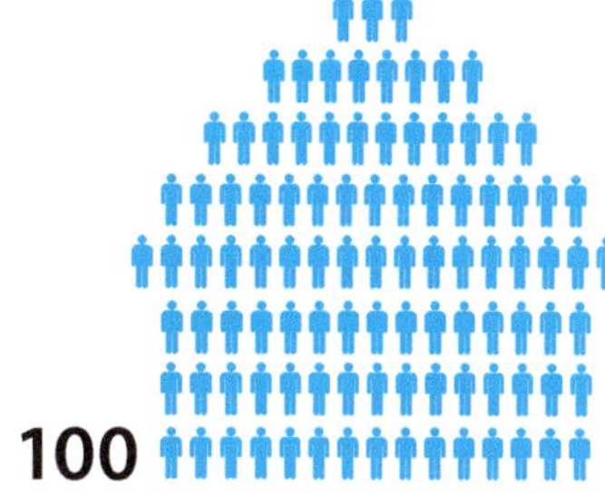

100 Einwohnerinnen und Einwohner eines Dorfes

Der Künstler Toby Ng hat **20 Postkarten** entworfen, die verschiedene Facetten dieses globalen Dorfes darstellen: **www.gizmodo.de/2012/02/21/gedankenspiel-wenn-die-welt-ein-dorf-ware.html**

Die Idee des globalen Dorfes wurde auch für die Schule aufbereitet: Smith & Armstrong, (2004).
Wenn die Welt ein Dorf wäre ...: Ein Buch über die Völker der Erde.
Wien: Verl. Jungbrunnen.

- Produktinnovationen, die neue Nutzungs- und Anwendungsmöglichkeiten erschließen, zugleich aber auch neue Ressourcen- und Energiebedarfe haben (z. B. Informations- und Telekommunikationstechnologien, kurz: ITK), sowie
- ein global steigendes Konsumniveau, das vor allem mit der weltweiten Ausbreitung einer Konsumentinnen- und Konsumentenklasse zusammenhängt, die einen westlichen, materialintensiven Lebensstil führt (vgl. Kharas & Gertz 2010).

Eine Folge dieser Entwicklungen ist ein rasantes Wachstum des weltweiten Energieverbrauchs, das als Hauptursache für den Klimawandel gilt; problematisch ist hierbei vor allem die Energiegewinnung aus fossilen Energieträgern. Prognosen gehen davon aus, dass der weltweite Verbrauch in den nächsten 25 Jahren um mehr als die Hälfte ansteigen wird, wenn sich an den politischen Rahmenbedingungen nicht grundlegend etwas verändert (vgl. EREC & Greenpeace 2007).

DETAILINFO 2

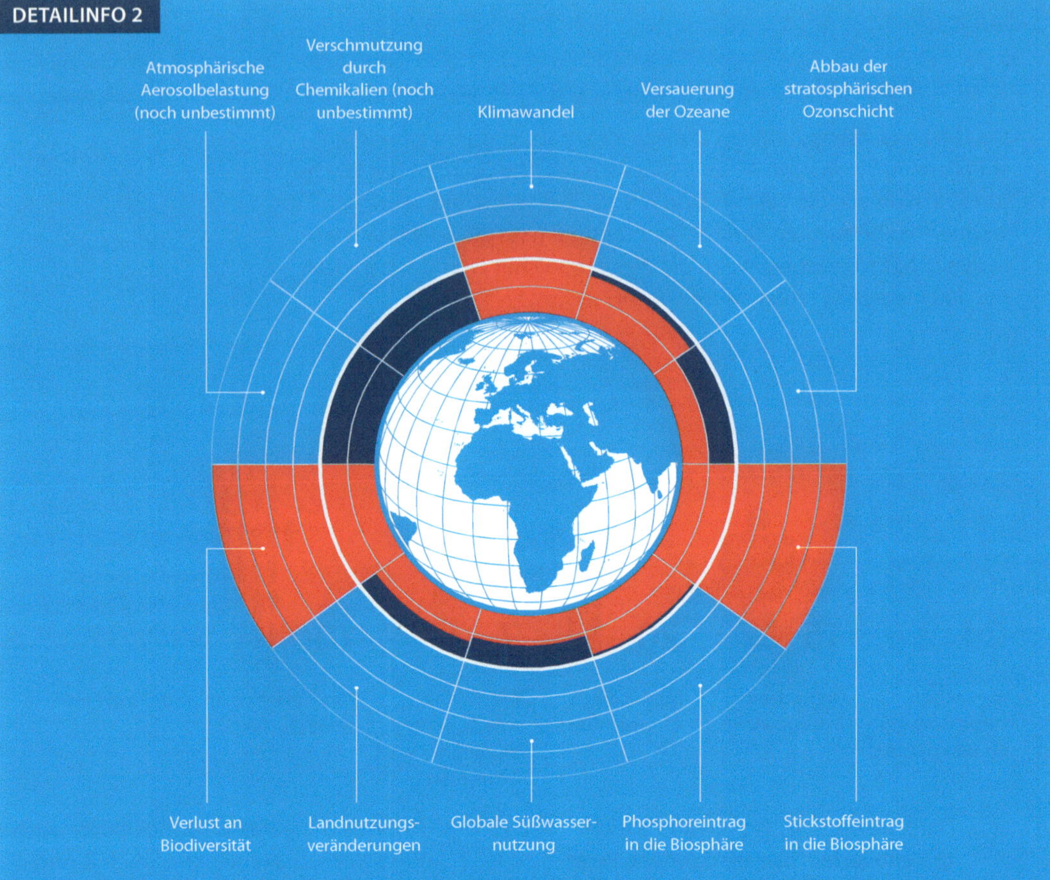

Unser Planet hat Grenzen

Woran können wir erkennen, wie stark wir unser Erdsystem belasten bzw. es womöglich gar überlasten? Eine internationale Gruppe von 28 renommierten Wissenschaftlern und Wissenschaftlerinnen hat zu dieser Frage einen Vorschlag unterbreitet. Das Forschungsteam identifizierte neun Bereiche, die die Grenzen der Belastbarkeit unseres Planeten bestimmen („planetare Grenzen"). Für sieben dieser Bereiche konnten sogar konkrete Grenzen quantifiziert werden.

Die inneren dunkelblauen Kreise in der Abbildung markieren den vorgeschlagenen sicheren Handlungsraum für neun planetarische Systeme. Die roten Polygone stellen eine aktuelle Schätzung der gegenwärtigen Situation für jeden Bereich dar. Die Daten zeigen, dass die planetarischen Grenzen für drei Bereiche (Klimawandel, Biodiversität und Stickstoffeintrag in die Biosphäre) bereits überschritten sind.

Eine Stärke des Vorschlags zur Bestimmung „planetarer Grenzen" ist die Perspektive: Verschiedene ökologische Problemfelder werden aufeinander bezogen und im Zusammenhang betrachtet. Kritisiert wird der Ansatz dafür, dass die Schwellen- bzw. Grenzwerte der Belastbarkeit nicht für alle Bereiche gleichermaßen gut erforscht und belegt sind.

Quelle: Rockström et al. (2009)

Wie viel Natur steckt in Konsumgütern? Der ökologische Rucksack

Wie aber können wir ermessen, wie wir mit unserem Konsum zum weltweiten Ressourcen- und Energieverbrauch beitragen? Ein Ansatz hierzu ist der ökologische Rucksack. Der ökologische Rucksack gibt an, wie viel Naturverbrauch in verschiedenen Konsumgütern (meist unsichtbar) steckt.

Je mehr Natur in ein Konsumgut hineingesteckt wurde (man spricht auch von seinem „Materialinput"[2]), desto schwerer ist sein ökologischer Rucksack. Wichtig ist, dass für die Berechnung der Gewichtsangaben (kg, g) beim ökologischen Rucksack der **gesamte Lebenszyklus** eines Konsumgutes betrachtet wird:

- von der **Rohstoffgewinnung und Produktion** (einschließlich Rohstoffförderung, Produktion von Vorprodukten, Transporten und Vertrieb) über die
- **Nutzung** (einschließlich aller Verbräuche, Transporte und Reparaturen) bis hin zum
- **Recycling** bzw. zur Wiederverwertung.

Es ist also erforderlich, das Konsumgut gedanklich in all seine Bestandteile zu zerlegen, die wiederum jeweils aus Rohstoffen und Materialien bestehen.

Durch eine solche Berechnung des lebenszyklusweiten Materialinputs können wir erkennen, in welcher Lebensphase des Konsumgutes wie viele Rohstoffe genutzt werden und welche möglichen Umweltauswirkungen damit verbunden sind.

Dabei gilt im Allgemeinen: Je weniger Rohstoffe eingesetzt werden, umso weniger Umweltschäden entstehen.

[2] Im Konzept des ökologischen Rucksacks werden die Materialinputs getrennt nach fünf verschiedenen Inputkategorien erfasst: abiotische (d. h. nicht nachwachsende) Rohmaterialien („unbelebte Natur" wie Sand oder Erdöl), biotische (d. h. nachwachsende) Rohmaterialien (Pflanzen und Tiere), Bodenbewegungen (Erosion oder landwirtschaftliche Bearbeitung), verbrauchtes oder umgeleitetes Wasser und verbrauchte Luft (vgl. Baedeker, Kalff & Welfens 2002).

BEISPIEL 2

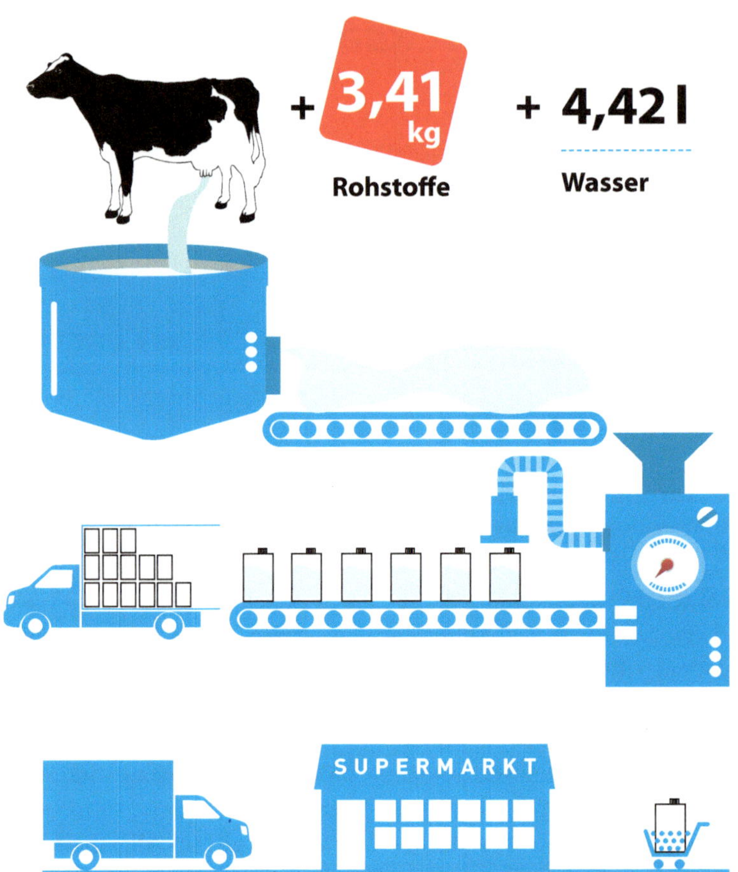

Was steckt in der Frühstücksmilch?

An einem alltäglichen Lebensmittel wie der morgendlichen Milch lässt sich nachvollziehen, wie viel Material aufgewendet werden muss, bevor man sich die Milch über die Cornflakes gießt: Ein Kuhstall wird gebaut, Futter wird auf dem Feld mit Maschinen und Dünger angebaut und täglich zusammen mit Wasser den Kühen gegeben, sie werden täglich maschinell gemolken und ab und zu ärztlich versorgt, die Milch wird in Behältern gesammelt, erhitzt und verpackt und landet schließlich per LKW im Supermarkt und dann auf dem Frühstückstisch.

Insgesamt braucht man über 3,41 kg Rohstoffe (abiotisch, biotisch) und ca. 4,42 Liter Wasser, um ca. 1 Liter Milch in Deutschland herzustellen.

Datenquelle: Wuppertal Institut (2012)

BEISPIEL 3

Der ökologische Rucksack

Vergleich Rohstoffe und Produkt

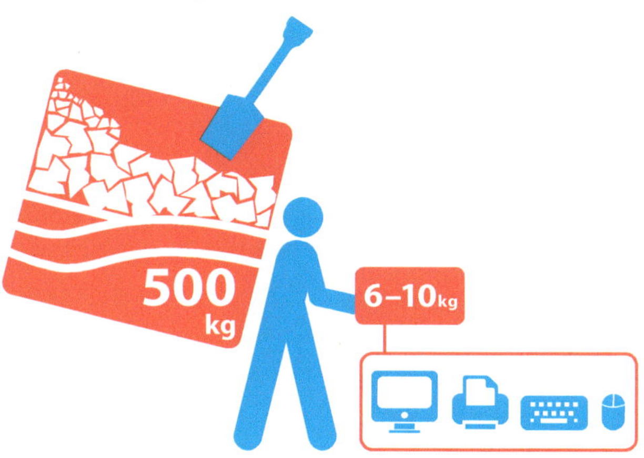

500 kg

Rohstoffe für die Herstellung

6–10 kg

Das Gewicht eines durchschnittlichen Computers mit Zubehör

Vergleich zweier Produkte mit gleichem Nutzen[3]

1,6 kg

Rohstoffe für die Herstellung von 56 Minuten Musik auf einer CD

0,67 kg

Rohstoffe für die Herstellung von 56 Minuten Musik als MP3-Download

Datenquelle: Wuppertal Institut (2012)

3 Durch vermehrtes Herunterladen und Neuzusammenstellen der MP3-Dateien kann das Gewicht des ökologischen Rucksacks stark ansteigen und die CD „überholen". Ausschlaggebend ist hier also das Nutzerverhalten, d. h. der Umgang mit den Musikdateien.

Das Handy: Mobiler Begleiter mit schwerem Rucksack

Ein Konsumgut, das einen steilen Aufstieg hinter sich und weite Verbreitung gefunden hat, ist das Handy[4]. Das Handy gehört zu den Informations- und Telekommunikationsgeräten, die sich seit Beginn des 20. Jahrhunderts rasant entwickelt und unser Leben verändert haben. Diese prägende Wirkung kommt auch in begrifflichen Charakterisierungen unserer Zeit als der „elektronischen Revolution“, der „zweiten Moderne“ oder des „digitalen Zeitalters“ zum Ausdruck. Handys und Computer sind heute aus unserem Alltag nicht mehr wegzudenken.

Nahezu jede und jeder Jugendliche zwischen 12 und 19 Jahren besitzt inzwischen ein Handy – 1998 waren es gerade einmal 8 %. Die Herstellung, Nutzung und das Recycling von ITK-Geräten verursachte in Deutschland im Jahr 2007 bereits mehr CO_2-Emissionen als der gesamte deutsche Flugverkehr (Behrendt et al. 2009). In der recht speziellen Gruppe der ITK-Konsumgüter spiegelt sich damit wider, was zuvor allgemein über Konsumgüter gesagt wurde: Ihr allgegenwärtiger Einsatz ist mit sozialen, ökologischen und ökonomischen Folgen verbunden.

Wie viel Natur aber steckt in einem Handy? Am Beispiel von Kupfer, einem wichtigen Bestandteil von Handys, lassen sich die Dimensionen bereits erahnen. Kupfer wird im Handy u. a. für Kabel und viele elektronische Bestandteile (Leiterplatte) genutzt. Der ökologische Rucksack von 1 kg Kupfer beinhaltet ca. 348 kg an abiotischen Rohstoffen. Für ein Handy werden ca. 10 g Kupfer benötigt, so dass ein Rucksack von 3,48 kg allein für die Kupferverwendung im Handy entsteht. Um einen vollständigen ökologischen Rucksack für die Herstellung eines Handys zu ermitteln, werden außer Kupfer auch

Verweis 4

Mein Alt-Handy: unsichtbare Schätze

Rund 86 Millionen alter Mobiltelefone liegen allein in Deutschland ungenutzt in den Schubladen. In den Altgeräten schlummern verborgene innere Werte, die sie zu wertvollen Rohstoffquellen machen. Handy-Recycling ist damit ein wichtiger Beitrag zur Nachhaltigkeit.
www.die-rohstoff-expedition.de

[4] Unter dem Begriff Handy wird hier eine Vielzahl an tragbaren Telefonen verstanden. Der Begriff umfasst demnach sowohl klassische Mobiltelefone als auch moderne, computerähnliche tragbare Geräte, die so genannten Smartphones.

alle weiteren notwendigen „Materialinputs" wie weitere Metalle, Kunststoffe, Papier für die Verpackung und der Energieverbrauch zusammengerechnet.

Der ökologische Rucksack eines Handys ergibt sich, indem das Eigengewicht des Geräts vom gesamten Ressourcenverbrauch abgezogen wird. Ein älteres Handymodell hat ein Eigengewicht von ca. 80 g, dem ein ökologischer Rucksack von ca. 75,3 kg gegenübersteht (siehe Detailinfo 3). Für neuere Handymodelle wie Smartphones liegen noch keine Daten vor.

DETAILINFO 3

Quelle: Wuppertal Institut

Strategien: Leichter leben durch nachhaltigen Konsum

Betrachtet man all die problematischen Folgen, die unsere ressourcenintensiven Konsumstile mit sich bringen, drängt sich die Frage auf:

Wie kann ein anderer Konsum aussehen, der gerecht und zukunftsfähig ist?

Unter dem Schlagwort „nachhaltiger Konsum" hat sich über diese Frage eine lebhafte Debatte entwickelt.

Die Idee der Nachhaltigkeit zielt auf Zukunftsfähigkeit[5]. Es gilt allen Menschen heute und in Zukunft ein gutes Leben innerhalb der natürlichen Grenzen unseres Planeten zu ermöglichen. Damit Menschen ihre Bedürfnisse befriedigen können, sind bestimmte Rahmenbedingungen vonnöten, zu denen auch Konsumgüter zählen (z. B. adäquate Ernährung und Unterkunft). Für diese wiederum werden Ressourcen beansprucht, die nur in begrenztem Umfang zur Verfügung stehen (vgl. auch Di Giulio et al. 2011). Nachhaltige Konsumhandlungen sollten folglich dazu beitragen, solche Rahmenbedingungen zu schaffen bzw. zu erhalten, die es allen Menschen heute und in Zukunft ermöglichen, ihre Fähigkeiten zu entfalten und ein gutes Leben zu führen, ohne dafür unsere natürlichen Lebensgrundlagen zu zerstören (vgl. Fischer et al. 2011).

Unsere heutige Art, Konsumgüter herzustellen, zu nutzen und zu entsorgen, verletzt diese Anforderung und stellt keine „auf Dauer ökologisch und sozial verträgliche Nutzungsform" (Brand et al. 2002) dar. Auf der Suche nach

[5] Nach dem Brundtland-Bericht „Unsere gemeinsame Zukunft" ist eine Entwicklung dann zukunftsfähig, wenn sie „die Bedürfnisse der Gegenwart befriedigt, ohne zu riskieren, dass künftige Generationen ihre eigenen Bedürfnisse nicht befriedigen können" (Hauff 1987: 46).

Wegen, wie sich der Ressourcen- und Energieverbrauch unseres Konsums reduzieren lässt, werden vor allem drei Strategien diskutiert: **Effizienz-, Konsistenz- und Suffizienzstrategien.**

Effizienzstrategien geht es darum, durch technische Innovationen und die Reorganisation von Prozessabfolgen dieselbe Menge an Gütern mit einem geringeren Einsatz von Rohstoffen zu produzieren (von Weizsäcker, Lovins & Lovins 1995; Schmidt-Bleek 2000, siehe hierzu z. B. die Infobox zu nachhaltig gestalteten Handys auf Seite 70). Eine Relativierung erfährt das Konzept dadurch, dass die erzielten Einsparungen durch Mehrverbräuche bzw. gesteigerten Konsum wieder aufgebraucht werden (so genannter Rebound-Effekt).

Im Gegensatz dazu setzen **Konsistenzstrategien** darauf, die Stoff- und Energieströme an die Regenerationsfähigkeit der Ökosysteme anzupassen. Ein prominenter Vertreter aus dem Bereich der Konsistenzstrategien ist der „Cradle to Cradle"(C2C)-Ansatz (deutsch: von der Wiege bis zur Wiege; McDonough & Braungart 2002). Das Konzept sieht vor, Produkte so zu gestalten, dass sie vollständig recycelt oder nach Gebrauch wieder rückstandslos der Natur zugeführt werden können (siehe hierzu z. B. die Angaben zur Wiederverwertbarkeit von Handyteilen in Lernmodul III ab Seite 117).

Suffizienzstrategien schließlich setzen bei unseren Konsummustern an und versuchen, diese durch Einstellungsänderungen und/oder Steuerungsmaßnahmen (z. B. Preis- und Steuergestaltung) umwelt- und sozialverträglicher zu gestalten. Die Suffizienzstrategie (Stengel 2011; Wuppertal Institut 2008) lässt sich in Slogans wie „Nutzen statt besitzen" (Erlhoff 1995), „Nutzen optimieren statt Produkte vermehren" (Wuppertal Institut 2008) bzw. „Service rather than sell" (Botsman & Rogers 2010; Lebel & Lorek 2008) zusammenfassen. Leitbilder im Sinne der Suffizienz schließen ausdrücklich auch Nichtkonsum mit ein: „Wie viel ist genug?" (Linz 2002); „Halb so viel, dafür doppelt so gut" (Grober 2001); „Gut leben statt viel haben" (BUND & Misereor 1996). Siehe hierzu z. B. die Leitlinien zur nachhaltigen Handynutzung auf den Seiten 101 und 102.

Weitgehende Einigkeit besteht darin, dass es keiner Strategie allein gelingen wird, den ökologischen Rucksack unserer Konsumgüter leichter und unser Konsumhandeln gerechter zu gestalten, sondern dass es einer Kombination aller Strategien bedarf (vgl. Huber 1995).

Literatur zu Teil II

Baedeker, C., Kalff, M., & Welfens, M.-J. (2002). Clever leben: MIPS für KIDS: Zukunftsfähige Konsum- und Lebensstile als Unterrichtsprojekt (2. Aufl.). München: Oekom.

Behrendt, S., Erdmann, L., Fichter, K., & Clausen, J. (2009). Computer, Internet und Co: Geld sparen und Klima schützen. Dessau-Roßlau: Umweltbundesamt für Mensch und Umwelt.

Botsman, R., & Rogers, B. (2010). What's mine is yours. London: Collins.

Brand, K.-W., Gugutzer, R., Heimerl, A., & Kupfahl, A. (2002). Sozialwissenschaftliche Analysen zu Veränderungsmöglichkeiten nachhaltiger Konsummuster. Forschungsbericht 200 17 155, UBA-FB 000330. Dessau-Roßlau: Umweltbundesamt.

BUND & Misereor (1996). Zukunftsfähiges Deutschland: Ein Beitrag zu einer global nachhaltigen Entwicklung. Basel: Birkhäuser Verlag.

Di Giulio, A., Brohmann, B., Clausen, J., Defila, R., Fuchs, D. A., Kaufmann-Hayoz, R. et al. (2011). Bedürfnisse und Konsum – ein Begriffssystem und dessen Bedeutung im Kontext von Nachhaltigkeit. In: R. Defila, A. Di Giulio & R. Kaufmann-Hayoz (Hrsg.), Wesen und Wege nachhaltigen Konsums. Ergebnisse aus dem Themenschwerpunkt „Vom Wissen zum Handeln – Neue Wege zum nachhaltigen Konsum",47 – 72. München: Oekom.

Erlhoff, M. (1995). Nutzen statt besitzen (DesignEssays). Göttingen: Steidl.

EREC – European Renewable Energy Council & Greenpeace (2007). Energy Revolution: A sustainable world energy outlook.

Fischer, D., Michelsen, G., Blättel-Mink, B., & Di Giulio, A. (2011). Nachhaltiger Konsum: Wie lässt sich Nachhaltigkeit im Konsum beurteilen? In: R. Defila, A. Di Giulio & R. Kaufmann-Hayoz (Hrsg.), Wesen und Wege nachhaltigen Konsums. Ergebnisse aus dem Themenschwerpunkt „Vom Wissen zum Handeln – Neue Wege zum nachhaltigen Konsum", 73 – 88. München: Oekom.

Grober, U. (2001). Die Idee der Nachhaltigkeit als zivilisatorischer Entwurf. Aus Politik und Zeitgeschichte (24), 3 – 5.

Hauff, V. (1987). Unsere gemeinsame Zukunft: Der Brundtland-Bericht der Weltkommission für Umwelt und Entwicklung. Greven: Eggenkamp Verlag.

Huber, J. (1995). Nachhaltige Entwicklung: Strategien für eine ökologische und soziale Erdpolitik. Berlin: Ed. Sigma.

Kharas, H., & Gertz, G. (2010). The New Global Middle Class: A Crossover from West to East. In: C. Li (Hrsg.), Chinas emerging middle class. Beyond economic transformation (S. 32 – 51). Washington, D.C. Brookings Institution Press.

Lebel, L., & Lorek, S. (2008). Enabling Sustainable Production-Consumption Systems. Annual Review of Environment and Resources, 33, 241 – 275.

Liedtke, C., & Welfens, M. J. (2008). Mut zur Nachhaltigkeit – Vom Wissen zum Handeln – 6 didaktische Module zu den Themen: „Nachhaltige Entwicklung", „Konsum", „Ressourcen und Energie", „Wirtschaft und neue Weltordnung", „Wasser, Ernährung, Bevölkerung, Klima Ozeane"; Stiftung Forum für Verantwortung, ASKO EUROPA-STIFTUNG, Europäische Akademie Otzenhausen gGmbH, (Hrsg.) Wuppertal: Wuppertal Institut für Klima, Umwelt, Energie.

Linz, M. (2002). Warum Suffizienz unentbehrlich ist. In M. Linz, P. Bartelmus, P. Hennicke, R. Jungkeit, W. Sachs, G. Scherhorn et al. (Hrsg.), Von nichts zu viel. Suffizienz gehört zur Nachhaltigkeit, 7 – 14. Wuppertal: Wuppertal Institut.

McDonough, W. J. & Braungart, M. (2002). Cradle to cradle: Remaking the way we make things. New York: North Point Press.

OECD – Organisation for Economic Co-Operation and Development (2008). OECD Environmental Outlook to 2030. Paris: OECD.

Rockström, J., Steffen, W., Noone, K., Persson, Å., Chapin, F. S., Lambin, E. F. et al. (2009). A safe operating space for humanity. Nature, 461 (7263), 472 – 475.

Schmidt-Bleek, F. (2000). Das MIPS-Konzept: Weniger Naturverbrauch – mehr Lebensqualität durch Faktor 10. München: Droemersche Verlagsanstalt Th. Knaur Nachf.

Schmidt-Bleek, F. (2007). Nutzen wir die Erde richtig? Von der Notwendigkeit einer neuen industriellen Revolution. Forum für Verantwortung. Frankfurt a. M.: Fischer Taschenbuch Verlag.

Schmidt-Bleek, F., Bringezu, S., Hinterberger, F., Liedtke, C., Spangenberg, J., Stiller, H., & Welfens, M. J. (1998). MAIA – Einführung in die Material-Intensitäts-Analyse nach dem MIPS-Konzept. Basel: Birkhäuser Verlag.

Stengel, O. (2011). Suffizienz. Die Konsumgesellschaft in der ökologischen Krise. München: Oekom.

UNEP – United Nations Environment Programme (2011). Decoupling natural resource use and environmental impacts from economic growth. Kenya: UNEP.

Weizsäcker, E. U. von, Lovins, A. B., & Lovins, L. H. (1995). Faktor vier: Doppelter Wohlstand – halbierter Naturverbrauch: Der neue Bericht an den Club of Rome. München: Droemersche Verlagsanstalt Th. Knaur .

Wuppertal-Institut (2012). MIPS Online. Verfügbar unter http://www.wupperinst.org/projekte/themen_online/mips/index.html.

Wuppertal Institut (2008). Zukunftsfähiges Deutschland in einer globalisierten Welt: Ein Anstoß zur gesellschaftlichen Debatte. Frankfurt am Main: Fischer Taschenbuch Verlag.

III Modul I – Entstehung

In diesem Modul stehen die ersten zwei Phasen des Lebenszyklus eines Handys im Mittelpunkt: Rohstoffgewinnung und Produktion – also das Entstehungsstadium eines Handys.

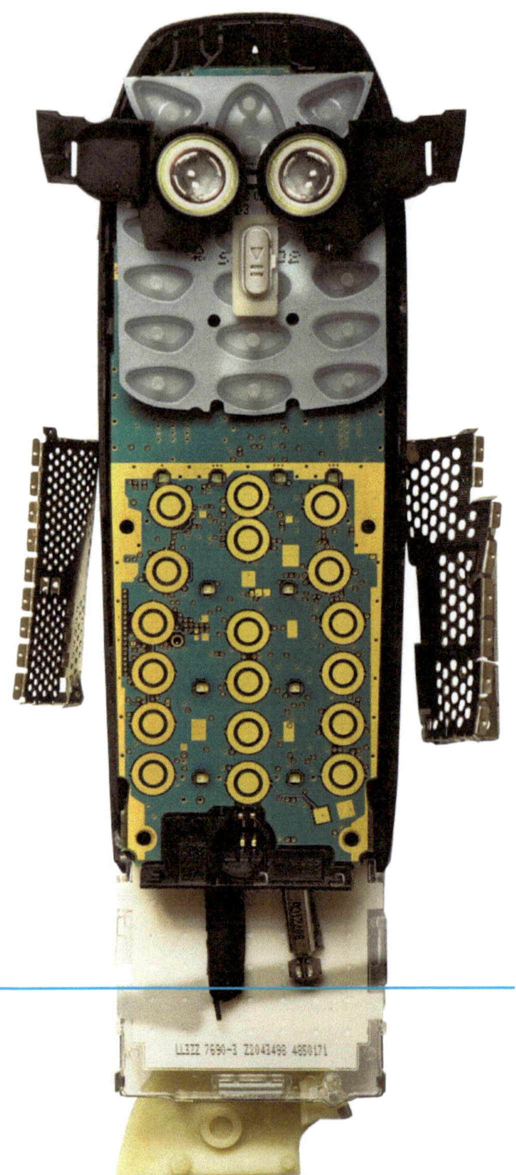

In der Einführung wurde das Konzept des ökologischen Rucksacks vorgestellt, mit dem sich ermessen lässt, wie viel Naturverbrauch in verschiedenen Konsumgütern steckt. Je mehr Natur in den verschiedenen Lebenszyklusphasen eines Konsumguts in dieses hineingesteckt wurde, desto schwerer wiegt sein ökologischer Rucksack. Wie viel Natur aber muss aufgewendet werden, bis das fertige Handy im Laden liegt?

Der Beantwortung dieser Frage soll sich Schritt für Schritt angenähert werden, weshalb in diesem Modul zunächst die ersten zwei Phasen des Lebenszyklus eines Handys – Rohstoffgewinnung und Produktion – im Mittelpunkt stehen, also das Entstehungsstadium eines Handys. Über 60 Stoffe werden für den Bau eines Handys benötigt, die abgebaut, verhüttet[6] und aufbereitet werden müssen, bevor daraus die einzelnen Komponenten eines Handys gefertigt werden können und dieses zusammengesetzt werden kann.

Dieser Ablauf allein lässt bereits erahnen, dass in der Phase der Entstehung eines Handys gewaltige Rohstoffmengen bewegt und Energien verbraucht werden, was mit teilweise dramatischen Folgen für Mensch und Umwelt verbunden ist.

6 Verhüttung bezeichnet das kommerziell betriebene Ausschmelzen von Metallen aus Erzen. Die Metalle sind nämlich zumeist nur in Spuren im Umgebungsgestein vorhanden und müssen von diesem getrennt werden.

Das Handy: Bauteile und Stoffe

Nahezu jeder Jugendliche über zwölf Jahren ist heutzutage im Besitz eines Handys (Statista 2012). Er nutzt dies – ganz klassisch – zum Telefonieren, aber auch um SMS zu verschicken oder um im Internet zu surfen. Das Handy wird also tagtäglich hundertfach zur Hand genommen. Was genau aber halten wir da eigentlich in den Händen?

Ein Handy besteht offensichtlich aus verschiedenen Bauteilen: Gehäuse, Tastatur, Akku, Display. Etwas versteckter finden sich Leiterplatte, Antenne, Lautsprecher oder Mikrofon (siehe Seite 64). Für die Herstellung dieser Bauteile werden wiederum verschiedenste Rohstoffe benötigt, die auf der ganzen Welt abgebaut und aufbereitet werden (z. B. Metalle). Insgesamt werden etwa 60 verschiedene Stoffe für den Bau eines Handys benötigt: Kunststoffe für das Gehäuse und die Tastatur; verschiedene Metalle für Kabel, Kontakte, Leiterplatte und Akkus; Glas und Keramik für das Display.

Die Mengen der einzelnen Stoffe, die verarbeitet werden, sind dabei zum Teil äußerst klein (siehe Tabelle auf Seite 66).

Rechnet man die verwendeten Materialien jedoch hoch auf alle 1,73 Mrd. Handys, die im Jahr 2012 (IDC 2013) weltweit verkauft worden sind, so ergibt sich eine beachtliche Menge an Stoffen, die allein durch Handys in Umlauf gebracht wurden: rund 15.600 t Kupfer, 9 t Palladium, 42 t Gold, 277 t Silber! In anderen Worten sind dies 15 % der weltweiten Kobaltproduktion, 13 % des gewonnenen Palladiums und 3 % des Gold- und Silberabbaus, die somit allein für die Herstellung von Handys und Computern benötigt wurden (UNEP 2009).

Bei diesen Ausmaßen wird klar: Es ist dringend erforderlich, darüber nachzudenken, wie Handys ressourceneffizienter produziert, genutzt und entsorgt werden können. Dies kann durch technische Innovationen und/oder die Reorganisation von Prozessabfolgen entlang der gesamten Wertschöpfungskette gelingen, auf die auch wir als Handynutzer, z. B. durch unsere Kaufentscheidung oder die Nutzung des Handys, Einfluss haben.

DETAILINFO 4

Bauteile und Stoffe eines Handys[7]

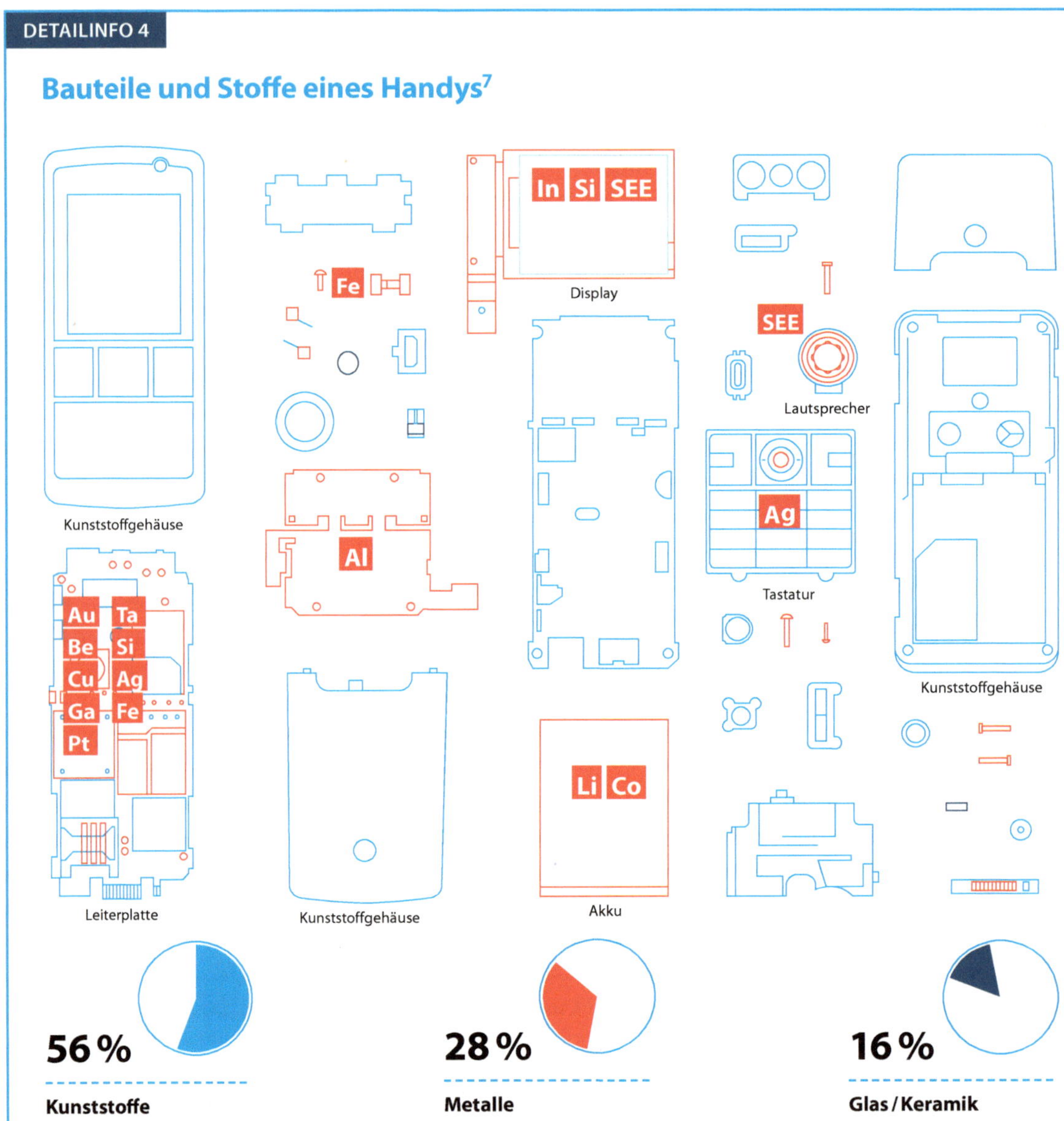

56 % Kunststoffe

28 % Metalle

16 % Glas / Keramik

[7] Hier ist eine allgemeine Übersicht über die Bauteile eines Handys dargestellt.

Was sind seltene Metalle und „Seltene Erden"?

Einige der in Mobiltelefonen enthaltenen Metalle werden zu den seltenen Metallen gezählt. Hierzu gehören Tantal, das aus dem Erz Coltan gewonnen wird, Indium und Gallium. Über die „Seltenheit" von Metallen entscheiden sowohl ökonomische (Preisentwicklung) als auch geopolitische Entwicklungen, wie die Verfügbarkeit von Ressourcen und deren geographische Lage. Die seltenen Metalle sind nicht mit „Seltenen Erden" zu verwechseln. Die „Seltenen Erden" sind Metalle (Seltenerd-Elemente – SEE), die nicht wirklich – im klassischen Sinne – alle selten sind, sich allerdings eher selten angereichert und zum Abbau geeignet finden. Unter Seltenen Erden versteht man „eine Gruppe von 17 Elementen […], welche aus den 15 Lanthaniden (Ordnungszahl 57 bis 71) sowie Scandium und Yttrium besteht" (SATW 2010, Seite 16). Sie werden vor allem (ca. 90 %) in China abgebaut. Seltene Erden kommen hauptsächlich in der Metallurgie sowie der Elektrotechnik zum Einsatz. Im Handy kommen sie nur in sehr geringen Mengen als Leuchtmittel, im Mikrofon oder in den Lautsprechern vor (Rare Earth Digest 2010).

Auswahl von Metallen, die im Handy verwendet werden[8]

Tabelle 8

Element	chem. Zeichen	Gew.-Anteil im Handy[9]	findet Verwendung wofür im Handy	Hauptproduktionsländer
Kupfer	Cu	10–15%	Gute elektrische Leitfähigkeit. Kupfer findet sich in Verbindung mit anderen Metallen in und auf der Leiterplatte.	Chile, darüber hinaus Peru, USA, Indonesien
Silizium	Si	8–15 %	Findet Verwendung in Mikrochips und im Glas des Displays, kann aber auch in der Tastaturmatte (als Silikon) vorkommen. Silizium wird aus reinem Quarzsand gewonnen.	Weltweit, z. B. China, Russland, USA
Aluminium	Al	4–9 %	Wird u. a. in dünnen Abdeckungen und Batterien genutzt (falls das Gehäuse aus Aluminium besteht, kann der Anteil auf bis zu 20 % ansteigen).	China, Russland, Kanada
Kobalt	Co	~ 4%	Häufiger Bestandteil der Elektroden von Lithium-Ionen-Batterien; wenn ein anderer Batterie-Typ genutzt wird, ist der Anteil deutlich geringer.	Kongo, darüber hinaus Kanada, China, Russland, Sambia
Lithium	Li	3–4 %	Zähes Leichtmetall, thermisch stabil, hohe Energiedichte. Wird im Akku eingesetzt – etwa zu 4 % enthalten, wenn Lithium-Ionen Akkus verwendet werden, sonst deutlich weniger (wie bei Kobalt).	Große Vorkommen von Lithiumsalzen u. a. in Chile, Bolivien, USA, Argentinien, Tibet
Eisen	Fe	~ 3 %	Häufig vorkommendes Metall, das schon seit über 3.000 Jahren vom Menschen verwendet wird. Es findet sich z. B. in Schrauben und Federn des Handys wieder.	Brasilien, China, Australien, Indien
Silber	Ag	0,16 %	Kein anderes Metall leitet Strom effektiver als Silber. Es findet sich z. B. in der Tastatur, in leitfähigen Klebern und auf der Leiterplatine in Kontaktbahnen.	Peru, Mexiko, China, Australien
Gold	Au	0,024 %	Wie Silber wird Gold wegen der guten Leitfähigkeit für Kontakte verwendet (Leiterplatte, Kontaktflächen, Steckverbindungen). Da es sehr korrosionsbeständig ist, wird es für stark beanspruchte Kontaktflächen verwendet.	Südafrika, China, USA, Australien
Palladium	Pd	0,005 %	Findet sich in elektrischen Kontakten und in Kondensatoren	Südafrika, Russland
Tantal	Ta	~ 0,004 %	Tantal wird aus dem Erz Coltan (Columbit-Tantalit) gewonnen und findet Verwendung in Mikrokondensatoren (speichern u. a. elektrische Ladung). Tantalkondensatoren bieten eine lange Lebensdauer, sind zuverlässig und ermöglichen trotz kleiner Bauform eine hohe Spannungsfestigkeit.	Brasilien, Australien, darüber hinaus Kongo, Mosambik, Ruanda
Platin	Pt	< 0,001 %	Wird in Legierungen dort verwendet, wo Metalle auf keinen Fall korrodieren dürfen, etwa bei hoch belasteten Kontakten auf der Leiterplatte.	Südafrika, Russland, Kanada
Indium	In	~ 0,002 %	Das Schwermetall tritt in der Natur häufig zusammen mit Zink auf und wird daher bei dessen Verhüttung gewonnen; es kommt in Displays (LCDs und Touchscreens) zur Anwendung.	China, Südkorea, Japan
Gallium	Ga	~ 0,0013 %	Wird als Verbindung Gallium-Arsenid für die Umwandlung von elektrischen in optische Signale eingesetzt → LED-Technik.	China

Quellen: Hagelüken 2010; USGS 2010; VDI 2010; Reller et al. 2009; eigene Berechnungen

8 Steht als Vorlage 1 auf www.springer.com/978-3-662-44082-7 zum Download zur Verfügung.

9 Für ein durchschnittliches Mobiltelefon mit einem Gewicht von 100g inkl. Akku (Inhaltsstoffe variieren stark je nach Modell und Hersteller)

Der Schatz im Handy

Wie viel Natur allein in der Entstehungsphase eines Handys in den ökologischen Rucksack wandert, lässt sich am besten mit einem vertiefenden Blick auf die Prozesse und Abläufe der Rohstoffgewinnung und Produktion eines Handys erklären.

12.1 Rohstoffgewinnung

Die Phase der Rohstoffgewinnung umfasst neben der Förderung und Herstellung der benötigten Grundmaterialien auch alle Transporte, die mit diesen Tätigkeiten verbunden sind. Für die Gruppe der Metalle schlägt hier der Prozess des Abbaus, der späteren Verhüttung und Aufbereitung zu Buche. Gleiches gilt für die Gruppe der Kunststoffe: Für die Herstellung von Kunststoff muss zunächst Rohöl gefördert werden, das raffiniert und in petrochemischen Prozessen weiterverarbeitet wird. Beide beschriebenen Prozesse sind mit Folgen für Mensch und Umwelt verbunden, wobei auch hier gilt, dass je weniger Rohstoffe eingesetzt werden, umso weniger Umweltschäden entstehen.

Die Förderung von Edelmetallen ist besonders ressourcenintensiv, da sie oft nur in geringer Konzentration in Erzen enthalten sind. Am Beispiel von Gold wird dies deutlich: Um 0,024 g Gold für ein Handy zu gewinnen, müssen mindestens 100 kg Erde[10] durch hohen Energieaufwand bewegt werden. Obendrein werden oft giftige Substanzen wie Quecksilber oder Zyanid eingesetzt, um das Gold aus dem Erz herauszutrennen. Entsprechend groß sind die mit der Gewinnung der Edelmetalle verbundenen Umweltauswirkungen. Der Umwelteinfluss von Gold, das nur in kleinsten Mengen im Handy enthalten ist, ist somit deutlich größer als der der Kunststoffe, die einen deutlich höheren Anteil im Handy haben. Sowohl der handwerkliche als auch der industrielle Bergbau verursachen in Ländern mit niedrigen Umweltauflagen oft massive Umweltverschmutzung, die die Lebensgrundlage und Gesundheit der Arbeiter und der Bevölkerung im Umland stark beeinträchtigen. Durch die Verschmutzung von Luft, Wasser und Böden werden landwirtschaftliche Flächen und Trinkwasser unbrauchbar, was chronische Krankheiten der Bevölkerung umliegender Gemeinden zur Folge hat (GHGm 2008; Nordbrand & Bolme 2007; Bäuerle et al. 2011; Erman 2007).

10 Erde bedeutet hier das abgebaute Gestein, aus dem das Gold extrahiert werden muss.

Die Rohstoffe für unsere Handys werden auf der ganzen Welt abgebaut, und das nicht nur mit schwerwiegenden Folgen für die Umwelt, sondern oftmals auch unter Verletzung von Menschenrechten und internationalen Sozialstandards.

Soziale Probleme treten u. a. bei der Förderung von Metallen in Entwicklungs- und Schwellenländern auf. Im Metallabbau dominiert zwar der industrielle Bergbau, bei einigen Metallen, wie beispielsweise Tantal, Gold und Zinn, wird ein bedeutender Teil allerdings auch handwerklich von Kleinschürfern gewonnen (z. B. in Zentralafrika oder Asien).

Diese Kleinschürfer arbeiten und leben oft unter besonders schwierigen Bedingungen. Sie haben sehr niedrige Einkommen und können von ihren Verdiensten meist nur von Tag zu Tag überleben – ohne jegliche soziale Sicherheit (D'Souza 2007). Die Arbeitsbedingungen in den Minen sind oft sehr gefährlich. Häufig kommt es zu Unfällen, aber auch zu Gesundheitsschäden durch Staub, Dämpfe, Überanstrengung, schlechte Belüftung und fehlende Schutzkleidung. Auch Kinderarbeit ist im handwerklichen Metallabbau verbreitet (Nordbrand & Bolme 2007; D'Souza 2007; Global Witness 2009; U.S. Department of Labor 2011; ILO 2007b).

Die Phase der Ressourcengewinnung im Lebenszyklus eines Handys hat entsprechend der Darstellung einen besonders großen Anteil – den größten Anteil – am ökologischen Rucksack eines Handys. Es sind 35,3 kg!

Quelle: Wuppertal Institut

Verweis 5

Aus der Mine ins Handy: der Film „Blutige Handys – die unmenschliche Koltan-Gewinnung" (DE)

Der Filmemacher Frank Poulsen ist seit Jahren in Besitz eines Nokia-Handys. Er will herausfinden, ob er damit den Konflikt im Kongo unterstützt, und begibt sich auf eine gefährliche Suche in die Koltan-Minen im Kongo. Der 40-minütige Film ist auf den Seiten von Planet Schule verfügbar: www.planet-schule.de/sf/php/02_sen01.php?reihe=1137HMU

DETAILINFO 5

Kunststoff

Der Grundstoff zur Herstellung von Kunststoffen ist zumeist Naphtha, das aus Rohöl gewonnen wird. Die Wertschöpfungskette verläuft von der Rohölgewinnung über die Rohmateriallieferanten zu den Kunststoffproduzenten, die durch Polymerisation verschiedene Kunststoffharze herstellen.

Kunststoffverarbeiter stellen dann aus den Harzen durch das Mischen und Zufügen von Zusatzstoffen (z. B. Weichmacher, Flammenhemmer, Stabilisatoren, Farbmittel) verschiedene Kunststoffgranulate und -puder her. Aus den Granulaten und Pudern werden schließlich von Kunststoffkonvertierern verschiedene Kunststoffteile und Produkte gefertigt (Plastics Europe 2011).

Die globale Kunststoffproduktion betrug 2009 ca. 230 Mio. t 31,5 % der Kunststoffproduktion fanden in Asien statt (etwa 50 % davon in China).

Europa (EU 27 plus Norwegen und Schweiz) war mit 24 % der globalen Produktion zweitwichtigste Produktionsregion (Plastics Europe, EuPC, Epro & EuPR 2010).

40,1 % der europäischen Nachfrage nach Kunststoffprodukten entfallen allein auf Verpackungen! Nur 5,6 % werden für die Produktion von elektrischen und elektronischen Geräten benötigt (Plastics Europe, EuPC, Epro & EuPR 2010). Bei Mobiltelefonen besteht zumeist das Gehäuse aus Kunststoff. Kunststoffe finden sich außerdem in der Leiterplatte, in Touchscreens und werden zur Ummantelung elektronischer Bauteile verwendet (Plastics Europe 2011b; UNEP 2006).

Glas

Hauptbestandteil von Glas ist Quarzsand, dazu werden andere Rohstoffe wie Soda, Dolomit, Kalkstein und Feldspat gegeben. Dieses Rohstoffgemenge wird zusammen mit Glasscherben in Glaswannen eingeschmolzen. Die Schmelztemperatur liegt bei rund 1.500 °C, entsprechend hoch ist der Energiebedarf. Geheizt werden die Wannen vor allem mit Erdgas oder Schweröl.

Natürliche Verunreinigungen, wie z. B. Eisenverbindungen, geben Glas einen Grünstich. Daher müssen bei der Produktion von Weißglas Entfärbungsmittel hinzugegeben werden.

Dem Rohstoffgemenge werden außerdem Oxidationsmittel, Reduktionsmittel oder Läutermittel (verhindert Blasen im Glas) beigefügt, um den Reaktionsprozess zu kontrollieren. Insbesondere in neuen Handys und Smartphones nimmt der Anteil von Glas durch die immer größeren Displays zu.

DETAILINFO 5

Keramik

Keramische Werkstoffe sind fester als Kunststoff, dabei durchlässig für Funkwellen und vergleichsweise leicht zu verarbeiten. Sie sind verschleiß- und hitzebeständig und isolieren elektrischen Strom.

In Handys wird die so genannte technische Keramik eingesetzt. Diese wird aus natürlichen Rohstoffen hergestellt. Wesentliche Bestandteile des keramischen Werkstoffs sind Speckstein (zu 70 – 90 %), Ton, Schamott und Kaolin sowie Feldspat als Silikatträger.

Der für die Industrie interessante, harte Speckstein kommt vor allem aus Brasilien oder den nordischen Ländern, muss also je nach Verarbeitungsort über größere Distanzen transportiert werden.

Der Speckstein wird, wie die anderen Komponenten auch, zu einem Pulver zermahlen und in die gewünschte Form gebracht. Danach werden organische Verunreinigungen oder Bindemittel durch Erhitzen entfernt: Die unerwünschten Stoffe verdampfen.

Durch zusätzliches Erhitzen auf rund 1.400 °C wird das Pulver zusammengebacken. Wie bei der Glasherstellung ist der hierfür notwendige Energiebedarf hoch. Die gewonnene stabile Form kann weiterverarbeitet werden.

12

BEISPIEL 4

Goldabbau in der Grasberg-Mine

Die Grasberg-Mine ist die größte Goldmine der Welt und eine der größten Minen für Kupfer. In der indonesischen Mine (auf der Insel West-Papua) arbeiten rd. 23.000 Arbeiter. Das Kernareal der Mine nimmt in ca. 4.000 m Höhe 99 km^2 ein. Dies entspricht etwa der Größe der Insel Sylt! Ausgrabungen werden aber auch um das Kernareal herum vorgenommen. Insgesamt umfasst das Gebiet der Mine somit ca. 2.000 km^2. Das gesamte Abbaugebiet befindet sich in direkter Nachbarschaft zum Lorentz-Nationalpark. 2012 werden in der Mine voraussichtlich 31 t Gold (entspricht aktuell 2,85 Mrd. EUR) und 421.000 t Kupfer (entspr. aktuell 1,4 Mrd. EUR) abgebaut.

Seit Eröffnung der Mine in den späten 1960er Jahren gibt es schwere Konflikte zwischen der lokalen Bevölkerung und den Minenbetreibern. Zahlreiche Menschen haben hier ihr Land verloren, ohne dafür entschädigt worden zu sein, Tausende wurden umgesiedelt. Das Gebiet, das durch den Tageabbau zerstört wird, hat zudem eine wichtige spirituelle Bedeutung für das ansässige indigene Volk. Täglich werden mehr als 238.000 t giftiger Minen-Abraum über Flüsse entsorgt! Weitere Informationen findet man auf www.papua-netz.de

BEISPIEL 4

Durch die Entsorgung von Produktionsresten über Flüsse, Auswaschungen und Schadstoffe aus Abraumhalden kommt es zu starker Verschmutzung von Grund- und Oberflächenwasser in der Region, was die Lebensgrundlage (Fischfang, Jagd, Landwirtschaft) und Gesundheit der Bevölkerung schädigt. Diese Probleme haben wiederholt zu Protesten und Ausschreitungen der ansässigen Bevölkerung geführt, die von Polizei und Militär brutal unterdrückt wurden (Bräuerle et al. 2011). Die zahlreichen Proteste der Lokalbevölkerung zwingen die US-Firma Freeport, ihre Mine mit starken Sicherheitsvorkehrungen zu schützen. 6.000 Soldaten sollen sich ständig im Gebiet rund um die Mine aufhalten.

2011 streikten 8.000 Arbeiter der Grasberg-Mine mehrere Monate lang. Sie forderten mehr soziale Leistungen, bessere Arbeitsbedingungen und höhere Löhne. Indonesische Minenarbeiter verdienen pro Arbeitsstunde etwa 1,50 US-$. Nun verdienen sie 37 % mehr. Freeport war im Jahr 2012 nominiert für den Public Eye People's Award, der von verschiedenen NGOs (Nichtregierungsorganisationen) für die ausbeuterischsten Unternehmen vergeben wird.

Indonesische Mine in Südostasien

12.2 Produktionsphase

Die Weiterverarbeitung der einzelnen Materialien, also die Produktion der einzelnen Komponenten wie z. B. Chips, Gehäuse, Akku, Display, wie auch der Zusammenbau des Handys erfolgen dann zumeist in Asien. Etwa 50 % aller Handys werden in China zusammengesetzt (Nordbrand & de Haan 2009, Seite 4) und dort für den anschließenden Transport verpackt.

Auch in der Phase der Produktion eines Handys werden Ressourcen und Energie verbraucht, die ins Gewicht des ökologischen Rucksacks eines Handys fallen. Insbesondere die Produktion von Chips und Leiterplatten ist sehr ressourcenintensiv. Hier kommen Chemikalien und Wasser zum Einsatz, Energie wird benötigt, Emissionen und Abfälle fallen an. In der Summe ist die Produktion von Leiterplatten und Chips für 40 – 50 % der Umweltbelastung (Ressourcenverbrauch, CO_2-Ausstoß, Abfall/Abwasser) in der Produktionsphase verantwortlich. Der Transport der elektronischen Komponenten (größtenteils von Südostasien nach Nordeuropa) steuert 18 – 25 % der Emission von Schadstoffen und Treibhausgasen bei, die während des gesamten Lebenszyklus anfallen (Emmenegger et al. 2006).

Die Bedingungen, unter denen die zumeist weiblichen Arbeiter die Handys im Akkord zusammensetzen oder einzelne Bestandteile fertigen, schlagen sich nicht in der Berechnung des ökologischen Rucksacks eines Handys nieder; als Nutzerinnen und Nutzer dieses Produkts sollten wir aber auch darüber Bescheid wissen.[11]

[11] Soziale Probleme und Auswirkungen entlang der Wertschöpfungskette werden korrespondierend zum ökologischen Rucksack im so genannten sozialen Rucksack dargestellt. Dieser wurde durch das Wuppertal Institut für z. B. Kaffee, Rind- und Schweinefleisch oder ein Baumwollshirt ermittelt. Inzwischen liegt eine solche Berechnung auch für das Mobiltelefon vor. Der soziale Rucksack dieser Produkte wurde anschaulich aufbereitet in der Ausstellung LEVEL GREEN der Autostadt in Wolfsburg. Die Autostadt ist vom Niedersächsischen Kultusministerium als außerschulischer Lernort anerkannt. Mehr Informationen zur Ausstellung LEVEL GREEN gibt es unter folgendem Link: **www.autostadt.de/de/autostadt-erkunden/konzernforum/level-green/das-konzept**

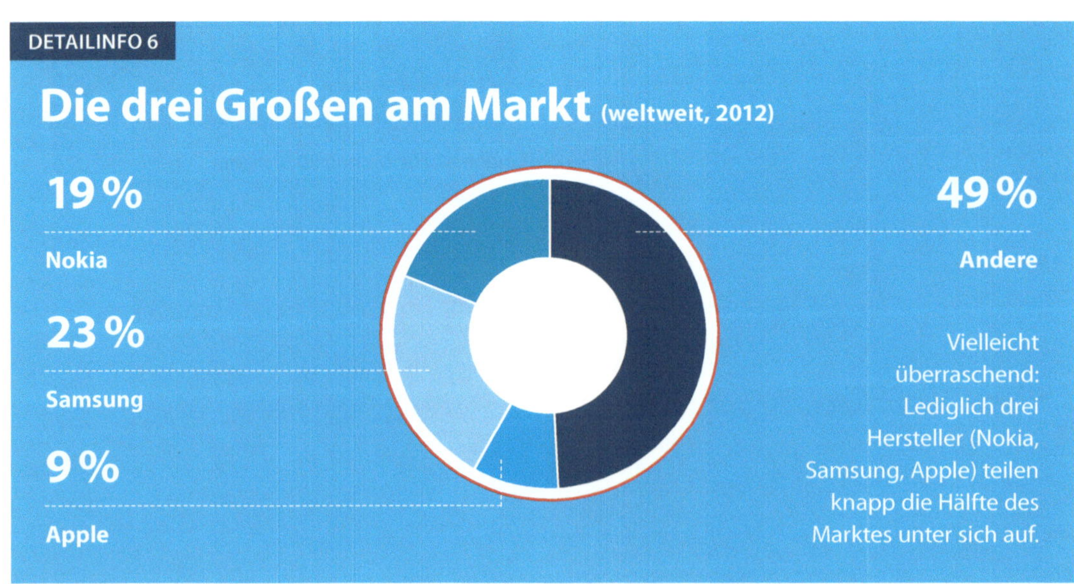

Quellen: Gartner 2013; IDC 2013

Bei der Produktion der Handys kommen zahlreiche toxische Chemikalien zum Einsatz, denen die Arbeiterinnen oft schutzlos ausgesetzt sind und die mit erheblichen gesundheitlichen Folgen für diese verbunden sind (z. B. Krebs, Atemwegserkrankungen, Fehlgeburten). Zum größten Teil werden Leih- und Zeitarbeiter in der Produktion eingesetzt, deren Arbeitsplatzsicherheit und soziale Absicherung gering sind.

Extrem lange und unregelmäßige Arbeitszeiten sind hier oftmals die Regel, exzessive Überstunden an der Tagesordnung. Die langen Arbeitszeiten erhöhen außerdem das Risiko von Verletzungen und Unfällen. Lohnabzüge erfolgen für Verpflegung und Unterkunft, aber auch als Strafen für z. B. Sprechen bei der Arbeit, zu häufiges Aufsuchen der Toiletten oder Zuspätkommen. Bevorzugt werden junge Frauen eingestellt, häufig Wanderarbeiterinnen, da sie die niedrigsten Löhne erhalten. Gewerkschaften sind in China (und auch in einigen anderen asiatischen Produktionsländern) häufig gar nicht vorhanden. Durch diese Situation ist es sehr schwierig für die Arbeiter, ihre Rechte und Ansprüche einzufordern (ILO 2007; CLW 2011; Manhart 2007; Ciroth & Franze 2011; U.S. Department of State 2011; Amnesty International 2007/2009b; Shi 2008; Holdcroft IMF 2010; KCTU 2006; ITUC-CSI-IGB 2009).

Die Produktion des Handys fällt im Vergleich zur Phase der Rohstoffgewinnung weniger ins Gewicht.

Der Anteil der Produktionsphase am ökologischen Rucksack eines Handys beträgt 8,2 kg (siehe Abb.).

Quelle: Wuppertal Institut

Literatur zu Teil III

Amnesty International (2007). People's Republic of China: Internal migrants: Discrimination and abuse. The human cost of an economic 'miracle'. Verfügbar unter http://www.amnesty.org/en/library/info/ASA17/008/2007.

Amnesty International (2009b). Disposable Labour – Rights of Migrant Workers in South Korea. London: Amnesty International Publications.

Bäuerle, L., Behr, M., & Hütz-Adams, F. (2011). Im Boden der Tatsachen. Metallische Rohstoffe und ihre Nebenwirkungen. Siegburg: Südwind e.V.

BBC (2012): Papuan copper miners end Freeport strike. Verfügbar unter http://www.bbc.co.uk/news/world-asia-pacific-14117964.

Ciroth, A., & Franze, J. (2011). LCA of an Ecolabeled Notebook. Consideration of Social and Environmental Impacts Along the Entire Life Cycle. Berlin: GreenDeltaTC.

CLW – China Labour Watch (2011): Tragedies of Globalization: The Truth Behind Electronics Sweatshops. No Contracts, Excessive Overtime and Discrimination: A Report on Abuses in Ten Multinational Electronics Factories. Verfügbar unter http://www.chinalaborwatch.org/pro/proshow-149.html.

D'Souza (2007). Briefing Note: Artisanal Mining in the DRC. Entwurf zur Präsentation und Diskussion auf dem DRC Donor coordination meeting facilitated by CASM (Kinshasa, 15–17 August 2007).

Emmenegger, M. F. et al. (2006). Life Cycle Assessment of the Mobile Communication System UMTS. The International Journal of Life Cycle Assessment 11, 4, 265 – 276.

Erman, E. (2007): Rethinking Legal and Illegal Economy: A Case Study of Tin Mining in Bangka Island. Artikel präsentiert auf der Green Governance Konferenz.

Freeport (2011): 2011 Annual Report. Verfügbar unter http://www.fcx.com/ir/AR/2011/FCX_AR_2011.pdf.

Gartner (2011): Mobile Communication Devices by Region and Country. Verfügbar unter http://www.gartner.com/resId=1847315.

Gartner (2013): Gartner Says Worldwide Mobile Phone Sales Declined 1.7 Percent in 2012. Verfügbar unter http://www.gartner.com/newsroom/id/2335616

GHGm – GreenhouseGasMeasurement.com (2008). Social and Environmental Responsibility in Metals Supply to the Electronic Industry. Verfügbar unter http://www.eicc.info/documents/SERMetalsSupplyreport.pdf

Global Witness (2006): Digging in Corruption. Fraud, abuse and exploitation in Katanga´s copper and cobalt mines. Verfügbar unter http://www.globalwitness.org/sites/default/files/import/kat-doc-engl-lowres.pdf.

Hagelüken, C. (2010): Wir brauchen ein globale Recyclingwirtschaft. Vortrag in Wien. Verfügbar unter http://www.nachhaltigwirtschaften.at/nw_pdf/events/20101011_rohstoffversorgung_christian_hagelueken.pdf

Holdcroft, J. (International Metalworkers' Federation-IMF) (2010): Sweatshop conditions abound in electronics industry. Meldung vom 09.11.2010. Verfügbar unter http://www.imfmetal.org/index.cfm?c=24707&l=2

IDC – International Data Corporation (2013): Strong Demand for Smartphones and Heated Vendor Competition Characterize the Worldwide Mobile Phone Market at the End of 2012, IDC Says. Verfügbar unter http://www.idc.com/getdoc.jsp?containerId=prUS23916413#.UQJ1aPJtpBk

ILO – International Labour Organisation (2007). The production of electronic components for the IT industries: Changing labour force requirements in a global economy. Verfügbar unter http://www.ilo.org/wcmsp5/groups/public/@ed_dialogue/@sector/documents/meetingdocument/wcms_161665.pdf.

ILO – International Labour Organisation, Bureau for Gender Equality & ILO, International Programme on the Elimination of Child Labour (2007b). Girls in mining. Research findings from Ghana, Niger, Peru and United Republic of Tanzania. International Publications, Paper 29, Geneva.

ITUC-CSI-IGB (International Trade Union Confederation) (2009): 2009 Annual Survey of violations of trade union rights: Taiwan. Verfügbar unter http://survey09.ituc-csi.

org/survey.php?IDContinent=3&IDCountry=TWN&Lang=EN.

Kollenberg, W. (Hrsg.) (2004): Technische Keramik – Grundlagen, Werkstoffe, Verfahrenstechnik. Essen: Vulkan-Verlag GmbH.

Kriegesmann, J. (Hrsg.) (2005): Technische Keramische Werkstoffe. Ellerau: HvB-Verlag.

KCTU – Korean Confederation of Trade Unions (2006). The Counter Report to the Third Periodic Report of the Republic of Korea under Article 40 of International Covenant on Civil and Political Rights.
Verfügbar unter http://kctu.org/3201.

Lenhart, A. (2010): Teen and Mobile Phones: Text messaging explodes as teens embrace it as the centerpiece of their communication strategies with friends. Pew Research Centre, Washington D.C. Verfügbar unter http://pewinternet.org/~/media//Files/Reports/2010/PIP-Teens-and-Mobile-2010-with-topline.pdf.

Manhart, A. (2007): Key Social Impacts of Electronics Production and WEEE-Recycling in China. Freiburg: Öko-Instituts e.V..

Nölle, G. (1997): Technik der Glasherstellung. Grundstoffindustrie: Deutscher Verlag für Stuttgart.

Nordbrand, S. (2009): Out of Control: E-waste trade flows from the EU to developing countries. Hrsg.: SwedWatch im Rahmen des „make IT fair" Projekts. Verfügbar unter http://makeitfair.org/en/the-facts/reports/2007-2009/reports-from-2009.

Perlez, J., & Bonner, R. (2005): Below a Mountain of Wealth, a River of Waste. In: New York Times, 27.12.

Plastics Europe, EuPC, Epro & EuPR (2010): Plastics – the Facts 2010. An analysis of European plastics production, demand and recovery for 2009. Verfügbar unter http://www.plasticseurope.org/plastics-industry/market-data.aspx.

Plastics Europe (2011): The plastics value chain. Verfügbar unter http://www.plasticseurope.org/plastics-industry/value-chain.aspx.

Plastics Europe (2011b): Electrical and Electronic. Verfügbar unter http://www.plasticseurope.org/use-of-plastics/electrical-electronic.aspx.

Rare Earth Digest (2010): Your cellphone contains rare earth elements. In: Global Rare Earth Elements News, 7.12.2010.

Reller, A., Bublies, T., Staudinger, T., Oswald, I., Meißner, S. & Allen, M. (2009): The Mobile Phone: Powerful Communicator and Potential Metal Dissipator. GAIA – Ökologische Perspektiven für Wissenschaft und Gesellschaft, 18, 127-135.

SATW (2010): Seltene Metalle. SATW Schrift Nr. 41, November 2010. Verfügbar unter http://www.satw.ch/publikationen/schriften/SelteneMetalle.pdf.

Shi, L. (2008). Rural Migrant Workers in China: Scenario, Challenges and Public Policy. ILO Working Paper, 89, Geneva: ILO – International Labour Office.

Spiegel, S. J., & Veiga, M.M. (2005). Building Capacity in Small-Scale Mining Communities: Health, Ecosystem Sustainability, and the Global Mercury Project. EcoHealth, 2, 1–9.

Statista (2012): Möglichkeit der Handynutzung durch Kinder und Jugendliche in Deutschland in den Jahren 2010 und 2011 nach Altersgruppen. Verfügbar unter http://de.statista.com/statistik/daten/studie/1104/umfrage/handynutzung-durch-kinderund-jugendliche-nach-altersgruppen/.

USGS - US Geological Survey (2013). www.usgs.org.

U.S. Department of Labor (2011): List of Goods Produced by Child Labor or Forced Labor. Verfügbar unter http://www.dol.gov/ilab/programs/ocft/PDF/2011TVPRA.pdf.

U.S. Department of State (2011): 2008 Human Rights Report: China (includes Tibet, Hong Kong, and Macau). Verfügbar unter http://www.state.gov/g/drl/rls/hrrpt/2008/eap/119037.htm.

VDI - Verein Deutscher Ingenieure (2010): VDI Nachrichten Nr. 22 vom 14.6.2010.

Veiga, M. M., Maxson, P. A. & Hylander, L. D. (2006). Origin and consumption of mercury in small-scale gold mining. Journal of Cleaner Production, 14, 436–447.

Velasquez, P. C. (2007). The Artisanal Gold Mining: Case study of mercury and cyanide in Ecuador. Vienna: United Nations Industrial Development Organization.

Modul I – Aufgabenteil

Hinweise für Lehrerinnen und Lehrer

Zur Aufgabe 1:

Was ist was? – im Handy  

Zur Konzeption der Aufgabe: Die Aufgabe setzt induktiv bei den Vorerfahrungen der Schülerinnen und Schüler an. Sie verständigen sich auf Bauteile und benennen diese. Im zweiten Schritt tauschen sie sich über die Stoffe aus, die in den benannten Bauteilen Verwendung finden und überlegen sich im dritten Teil, woher diese stammen.

Methodisch-didaktische Umsetzung: Diese Aufgabe ist als Gruppenarbeit konzipiert. Zur Bearbeitung wird ein altes Handy pro Kleingruppe benötigt. Zum Auseinanderbauen werden kleine Schraubenzieher benötigt (Torx Sechsrund und Kreuzschlitz). Weisen Sie darauf hin, dass die Handys anschließend wieder zusammengebaut und die Bauteilen nicht beschädigt werden sollen. Alternativ entfernen Sie die Schrauben selbstständig vorher. Zur Selbstkontrolle können Abb. Seite 64 und Tabelle 8, Seite 66 und Download (Mustertabelle) kopiert werden. Zur Unterstützung der Erkundung der Materialien kann das interaktive Rohstoff-Tool verwendet werden: www.vz-nrw.de/rohstofftool

Bezüge zu Kompetenzbereichen: In der Auseinandersetzung mit den Bauteilen eines Handys lernen die Schülerinnen und Schüler Stoffe in ihrer Ausgangsform und im verarbeiteten Zustand kennen. Dadurch wird das chemische Basiskonzept Stoff-Teilchen-Beziehungen angesprochen. Des Weiteren kommunizieren sie über chemische Stoffe und ihre Anwendung in der Alltagstechnologie Handy. Sie können den Aufbau des Handys beschreiben. Bei der Zuteilung der Stoffe und Bauteile arbeiten die Schülerinnen und Schüler im Team und bringen ausgehend von ihren Vorerfahrungen in der Diskussion eigene Argumente vor.

Vom Wissen zum Handeln: In der Aufgabe lernen die Schülerinnen und Schüler einige der Rohstoffe kennen, die in einem alltäglichen Mobiltelefon verarbeitet sind. Sie können das Ausmaß des Naturverbrauchs und damit des ökologischen Rucksacks eines Handys in Ansätzen nachvollziehen.

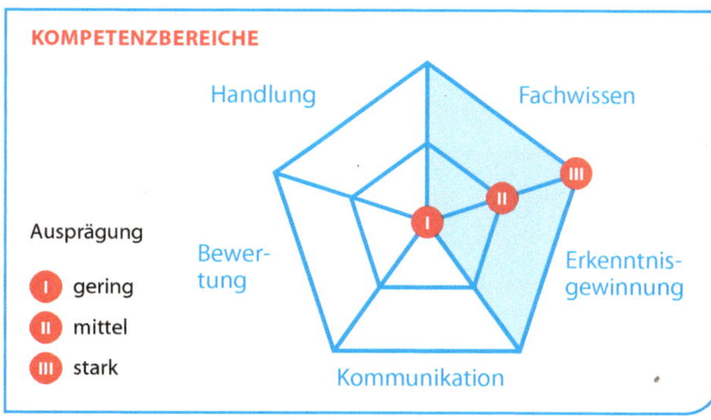

Zur Aufgabe 2:

„Gesucht wird …":
Den Metallen auf der Spur

Zur Konzeption der Aufgabe: Aufgabenteil a) zielt auf die Reproduktion der in den bereitgestellten Factsheets verfügbaren Informationen sowie auf deren Reorganisation in das Format Steckbrief ab. Durch vergleichende Analyse der Steckbriefe werden die Schülerinnen und Schüler zur Abwägung und bewertenden Stellungnahme aufgefordert. Aufgabenteil b) regt zum Transfer des erworbenen Wissens eine handlungsorientierte Vermittlungssituation im Kontext des alltagsnahen Raums des Schullebens an.

Methodisch-didaktische Umsetzung: Diese Aufgabe ist ebenfalls als Gruppenarbeit konzipiert. Dabei benötigen Die Schülerinnen und Schüler zur Bearbeitung weiterführende Informationen über die Metalle Tantal, Gold und Kupfer. Diese können selbst recherchiert werden. Alternativ stehen als Hilfen Vorlage 1 Tabelle 8, (Seite 66) sowie Exposés unter **www.springer.com/978-3-662-44082-7** zur Verfügung.

Bezüge zu Kompetenzbereichen: Die Aufgabe knüpft an das Basiskonzept Mensch-Umwelt-Beziehungen in Räumen unterschiedlicher Art und Größe an, indem der Rohstoffabbau ausgewählter Metalle sowie die Auswirkungen menschlicher Naturraumnutzung untersucht werden. Die recherchierten Informationen werden anschließend hinsichtlich ihrer Aussagekraft zu Umweltauswirkungen und sozialen Folgen ausgewertet. In der Aufgabe angesprochen werden auch die chemischen Basiskonzepte Stoff-Teilchen-Beziehungen, Struktur-Eigenschafts-Beziehungen und chemische Reaktion, sowie die biologischen Konzepte System und Entwicklung, indem die Eigenschaften und Vorkommen der Rohstoffe im Handy recherchiert und dokumentiert werden. In der Untersuchung der Umweltauswirkungen und sozialen Folgen des Abbaus bewerten die Schülerinnen und Schüler den menschlichen Eingriff in globale Stoffkreisläufe.

Vom Wissen zum Handeln: Diese Aufgabe fasst die ambivalenten Auswirkungen des Abbaus von Rohstoffen für die Handyproduktion, die bereits in den Aufgaben zuvor angerissen wurde, zusammen und eignet sich daher in besonderem Maße dafür, den Schülerinnen und Schülern das Ausmaß des Problems zu verdeutlichen.

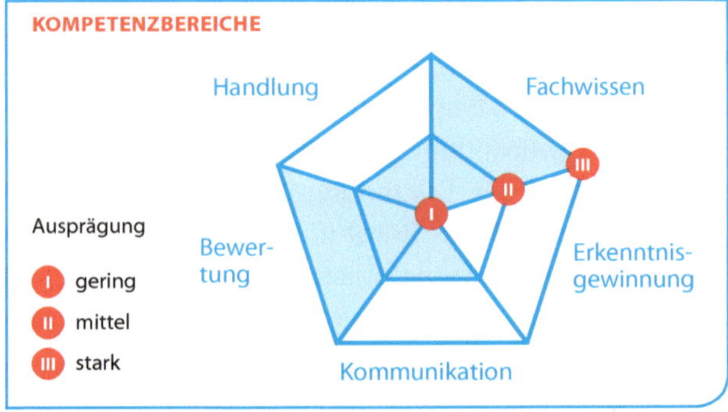

Zur Aufgabe 3:

Willkommen zur Talkshow!

Zur Konzeption der Aufgabe: Die Aufgabe schließt an eine vorherige Auseinandersetzung mit ökologischen und sozialen Folgen der Handyherstellung an und fordert die Schülerinnen und Schüler zur Einnahme einer Perspektive auf. Gefordert werden vor allem Leistungen im Bereich der Reorganisation des bisherigen Wissens für die authentische Darstellung einer Rolle. Der abschließende Teil des Rollenspiels könnte die Problematik auch auf andere Thematiken (Informations- und Telekommunikationstechnologien allgemein) ausweiten und dadurch Transferleistungen anregen.

Methodisch-didaktische Umsetzung: Auch die dritte Aufgabe ist als Gruppenarbeit angelegt. Hier sollen die Schülerinnen und Schüler in verschiedene Rollen schlüpfen, diese ausarbeiten und dann in einer Talkshow präsentieren. Die Rollen sind vorgegeben, allerdings benötigen Ihre Schülerinnen und Schüler für die Ausdifferenzierung weitere Informationen. Diese finden Sie im dazugehörigen Lernmodul I. Hier könnten Sie Ihren Schülerinnen und Schülern z. B. die Hintergrundinformationen zur Grasberg-Mine zur Verfügung stellen. Das bereitgestellte Material könnte außerdem sinnvoll ergänzt werden durch eine Internetrecherche der Schülerinnen und Schüler zu ihren jeweiligen Rollen. Je nach Leistungsvermögen und Vertrautheit der Lerngruppe mit dem Format des Rollenspiels sollten ggf. zu Beginn weitere Rahmenbedingungen erarbeitet oder vorgegeben werden, z. B. konkrete Teilfragen, zu denen die Gruppen Statements vorbereiten.

Bezüge zu Kompetenzbereichen: Neben dem biologischen Basiskonzept Entwicklung sowie dem geographischen Basiskonzept Mensch-Umwelt-Beziehungen in Räumen unterschiedlicher Art und Größe werden mit dieser Aufgabe vor allem Bezüge zu den Kompetenzbereichen Kommunikation und Bewertung hergestellt. Die Schülerinnen und Schüler wenden naturwissenschaftliches Wissen in der Diskussion mit anderen an und bewerten Vorgänge in der Handyproduktion und -nutzung aus der Sicht ihrer jeweiligen Rolle.

Vom Wissen zum Handeln: In dieser Aufgabe werden alle Schritte auf dem Weg vom Wissen zum Handeln angesprochen. Zunächst erfolgt eine Präzisierung des Problems, auf das die Teilnehmenden der Talkshow je eigene Perspektiven werfen. Die Schülerinnen und Schüler selbst können sich durch die Identifikation mit der Rolle „Kunde/Kundin" ein Bild über den Zusammenhang ihres eigenen Verhaltens mit dem Problem machen. In der Diskussion um Möglichkeiten nachhaltiger Handyproduktion und –nutzung werden die Motivationen der einzelnen Talkshow-Teilnehmenden sowie Handlungsalternativen offengelegt. Die Auseinandersetzung mit Lösungsansätzen kann zu (beabsichtigter) gemeinsamer Aktivität über die Talkshow hinaus anregen.

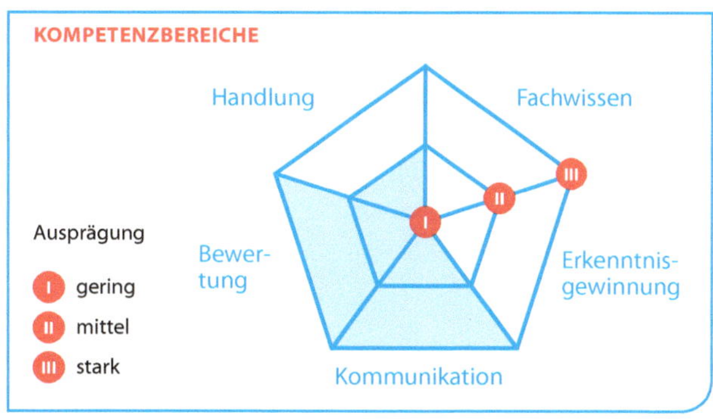

AUFGABE 1

WAS IST WAS? – IM HANDY

A Nehmt euch ein ausrangiertes Handy und baut es auseinander, so weit es geht. Hierfür benötigt ihr kleine Schraubenzieher (Torx Sechsrund und Kreuzschlitz). Nehmt immer zuerst den Akku heraus, bevor ihr etwas abnehmt oder abschraubt! Beschreibt die einzelnen Bauteile. Denkt daran, dass ihr das Handy danach wieder zusammensetzen müsst, daher geht bitte vorsichtig voran und merkt euch, wie die Teile verbaut sind.

B Was glaubt ihr: Aus welchem Stoff/welchen Stoffen bestehen die einzelnen Bauteile? Diskutiert diese Frage in der Gruppe und tragt die Ergebnisse in der Tabelle ein.

C Überlegt, woher die Stoffe/Materialien, die ihr in der Tabelle vermerkt habt, kommen und wie sie hergestellt werden.

BAUTEIL	STOFF/MATERIAL

AUFGABE 2

„GESUCHT WIRD …": DEN METALLEN AUF DER SPUR

WANTED

METALL: **SILBER**

CHEMISCHES ZEICHEN: Ag

VERWENDUNG IM HANDY:
Silber findet sich aufgrund seiner sehr guten Leitfähigkeit u. a. in der Tastaturplatte und auf der Leiterplatte in Kontaktbahnen.

GEWICHTSANTEIL AM HANDY: 0,35 g

VORKOMMEN:
Woher? Peru, Mexiko, China, Australien
Woraus gewonnen? Aus Gesteinen (Silbererzen und anderen Erzen, in denen Silber z.B. neben Blei, Kupfer oder Zink auftritt)

UMWELTAUSWIRKUNGEN:
Um das Silber aus dem Gestein zu lösen, gibt es verschiedene Verfahren, u. a. die giftige Zyanidlaugerei. Die Entsorgung von giftigem Minen-Abraum (u. a. auch Schwermetallstaub wie z. B. Bleistaub) führt zur Versauerung von Grundwasser und Seen (z. B. durch Schwefelsäure).

SOZIALE FOLGEN:
Chronische Gesundheitsschäden bei den Arbeitern und der umliegenden Bevölkerung. Die ansässige Bevölkerung wird ihrer Lebensgrundlage beraubt (Fischfang, Landwirtschaft).

AUFGEPASST:
Um **0,35 g Silber** für ein Handy zu gewinnen, muss mindestens **100 kg Gestein (Silbererz)** verarbeitet werden.

Der hier abgebildete Steckbrief gibt beispielhaft vor, wie dieser auszufüllen ist.

A Erarbeitet den Steckbrief für eines der Metalle – Gold, Kupfer oder Tantal. Der Steckbrief soll das jeweilige Metall charakterisieren. Den **vorliegenden Factsheets** zu den Metallen sowie der Tabelle „Auswahl von Metallen, die im Handy verwendet werden", könnt ihr die hierfür notwendigen Informationen entnehmen.

B Diskutiert, inwiefern ihr die Steckbriefe für eine Ausstellung zum Thema „Die Rohstoff-Expedition" nutzen könntet, mit der ihr andere Schülerinnen und Schüler auf den ökologischen Rucksack des Handys aufmerksam macht.

VORLAGE 2

WANTED

METALL:

CHEMISCHES ZEICHEN:

VERWENDUNG IM HANDY:

GEWICHTSANTEIL AM HANDY:

VORKOMMEN:
Woher?
Woraus gewonnen?

UMWELTAUSWIRKUNGEN:

SOZIALE FOLGEN:

AUFGEPASST:

AUFGABE 3

WILLKOMMEN ZUR TALKSHOW!

Ihr seid zu einer Talkshow mit dem Thema „Das Handy, geliebter Begleiter um jeden Preis?" eingeladen. Im Fokus der Diskussion stehen insbesondere zwei Fragen:

1. **Warum ist die Produktion und Nutzung von Handys noch nicht nachhaltig?**
2. **Wie könnte eine nachhaltige Handyproduktion und -nutzung aussehen und ggf. umgesetzt werden?**

Endlich habt ihr die Gelegenheit, eure Position darzulegen. Wer ihr seid? – Ein Handykunde, ein Vertreter eines Handyherstellers, ein Minenarbeiter, eine Fabrikarbeiterin, eine Umweltaktivistin.

Bildet sechs Gruppen. Fünf Gruppen suchen sich jeweils die Rolle eines Teilnehmers aus, die sechste Gruppe übernimmt die Rolle des Moderators. Entwickelt in der Gruppe eure jeweilige Rolle.

A Für die Teilnehmer-Gruppen könnten folgende Fragen hilfreich sein: Wie gestaltet sich dein Leben? Was ist dir wichtig? Welche Ansichten vertrittst du? Haltet die zentralen Merkmale der jeweiligen Person auf einer so genannten Rollenkarte fest.

Für die Gruppe mit der Rolle des Moderators stellt sich die Aufgabe ein wenig anders. Ihr seid aufgefordert, Fragen für die Diskussion zum Thema „Das Handy, geliebter Begleiter um jeden Preis?" zu entwickeln, die diese gleichzeitig strukturieren und vorantreiben.

B Benennt jeweils eine Person aus eurer Gruppe, die eure Rolle in der Talkshow vertreten soll. Und nun – Vorhang auf ... Herzlich willkommen zu Ihrer Talkshow!

Die Talkshow sollte nicht länger als ca. 30 min dauern.

VORLAGE 3

KUNDE

Ich bin 18 Jahre alt und heiße Florian Weiss. Seit Jahren schon besitze ich ein Handy. Mein erstes Handy habe ich von meinen Eltern bekommen – aus Sicherheitsgründen. Seit kurzem besitze ich ein Smartphone.

MODERATORIN

Ich heiße Carolin Willner. Wie jeden Sonntagabend habe ich interessante Gäste zu meiner Talkshow eingeladen. Zu Beginn der Sendung will ich zunächst allen Gästen die Gelegenheit geben, sich kurz vorzustellen. Folgende Fragen interessieren mich bei meinen Gästen: …

FABRIKARBEITERIN

Ich heiße Wang Jiao und bin 21 Jahre alt. Ich arbeite und lebe in der Fabrik, in der wir Handys zusammensetzen. Ursprünglich komme ich aus der Provinz Henan in China. Ich gehe dahin, wo es Arbeit gibt …

VERTRETER

Mein Name ist Eric Larsson. Ich bin schon lange im Geschäft. Die Konkurrenz ist groß und die Marktanteile sind hart umkämpft. Um konkurrenzfähig zu sein, …

MINENARBEITER

Ich heiße Sekani Maree und bin 28 Jahre alt.
Ich arbeite seit 15 Jahren in einer Mine.
Wir suchen nach Gold. Die Arbeit ist schwer ….

UMWELTAKTIVISTIN

Ich heiße Rita Holzkamp. Ich bin dem Handy
auf der Spur und reise dafür um die ganze Welt.
Es kann doch nicht sein, dass …

IV Modul II – Nutzung

Im vergangenen Modul wurde am Konzept des ökologischen Rucksacks veranschaulicht, wie viel Natur durch die Gewinnung der Rohstoffe und die folgende Produktion für die Herstellung eines Handys verbraucht wird. In der Nutzungsphase im Lebenszyklus eines Handys kommen wir als Handynutzer und Handynutzerinen zum ersten Mal aktiv ins Spiel.

Mit dem Kauf und der Benutzung eines Handys fallen weitere Verbräuche an, die in diesem Lernmodul dargestellt sind. Sichtbar gemacht werden auch versteckte soziale Folgen, die mit der starken Verbreitung von Handys in den letzten zwei Jahrzehnten verbunden sind. Das Modul zeichnet die rasante Verbreitung des Handys nach, beleuchtet dessen Auswirkungen auf Mensch und Umwelt und zeigt Wege für eine nachhaltige Handynutzung auf.

Das Handy: Ein fester Begleiter im Jugendalltag

Der Kommentar des Western Union Telegraph, einer großen Zeitung aus den USA, zu einer neuen, zum Patent angemeldeten Erfindung aus dem Jahr 1876 hat inzwischen Bekanntheit erlangt als ein kurioser Beleg für große Fehleinschätzungen technologischer Innovationen: „Dieses Telefon hat so viele Mängel, dass es nicht ernsthaft als Kommunikationsmittel taugt. Das Ding hat für uns an sich keinen Wert" (nach Nowotny 2004). Heute wissen wir, dass das Telefon die Kommunikation im 20. Jahrhundert verändert und geprägt hat.

Eine ähnliche Erfolgsgeschichte zeichnet sich beim mobilen Telefonieren ab. Kaum zwanzig Jahre ist es her, dass in Deutschland die ersten volldigitalen Mobilfunknetze aufgebaut wurden. Seitdem hat das Handy eine steile Karriere hinter sich. In den letzten Jahren hat es sich auch fest im Alltag von Jugendlichen verankert. Während im Jahr 1998 lediglich 8 % der jungen Menschen im Alter von 12 bis 19 Jahren in Deutschland ein eigenes Mobiltelefon besaßen, waren es im Jahr 2004, nur sechs Jahre später, bereits 90 % (MPFS 2004, Seite 53).

Unterschiede zwischen den Geschlechtern gibt es dabei kaum. Heute ist nahezu jeder Jugendliche über zwölf Jahren im Besitz eines Handys (siehe Detailinfo 7, Seite 90).

Nicht nur Jugendliche sind bis auf wenige Ausnahmen alle Handynutzer. Auch bei Grundschülerinnen und Grundschülern nimmt die Ausstattung mit Handys zu. Bei den 6- bis 7-jährigen ist der Anteil der Nutzer von 8 % im Jahr 2008 auf über 20 % im Jahr 2011 gestiegen. Über 60 % der 10- bis 11-jährigen Kinder verfügen inzwischen über ein Handy (Statista 2012b).

Wieso wird die Verbreitung von Handys auch bei Kindern immer größer? Ein wichtiger Grund liegt darin, dass Eltern aus Sicherheitsgründen ein Interesse daran haben, dass ihr Kind ein Mobiltelefon besitzt. Wenn mit Beginn der Schulzeit und dem anschließenden Wechsel auf weiterführende Schulen auch die Schulwege länger und die Bewegungsräume zu Verabredungen am Nachmittag größer werden, bietet das Handy eine gute Möglichkeit, mit den Kindern in Kontakt zu bleiben (Statista 2012b).

Für den Handy-Boom bei Jugendlichen gibt es andere Gründe. Sinkende Preise begünstigen, dass sich immer mehr Jugendliche ein oft sogar internetfähiges Mobiltelefon leisten können. Dazu kommt eine ständige Funktionserweiterung. Handys dienen heute längst nicht mehr dem bloßen Telefonat. Eine der ersten Zusatzfunktionen war der Versand kurzer Textmitteilungen über den so genannten Kurznach-

DETAILINFO 7

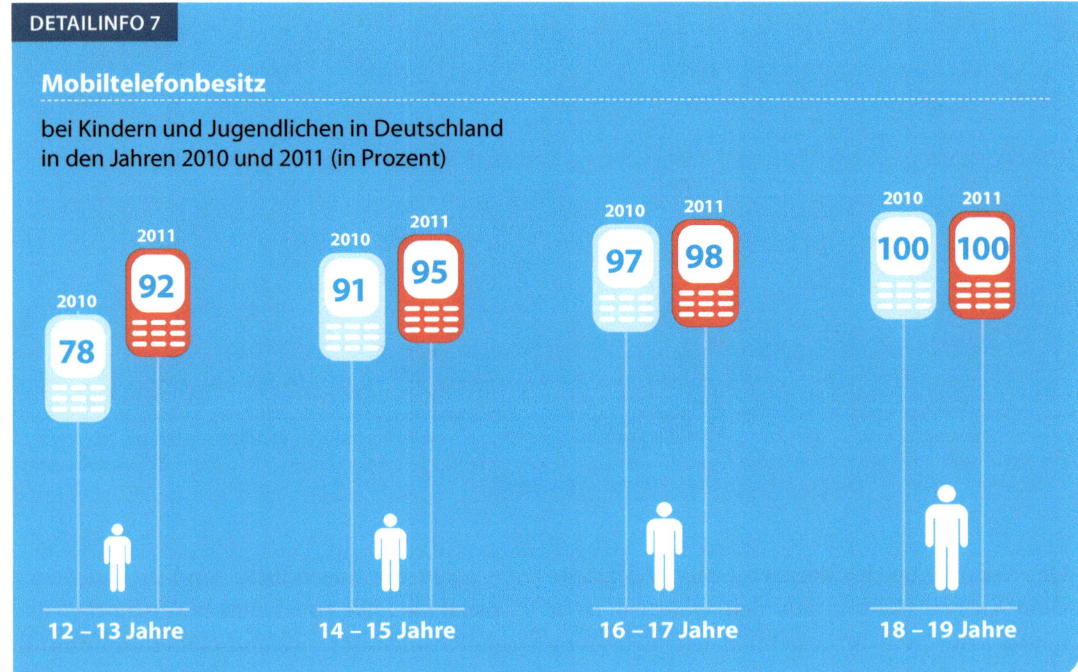

Quelle: Statista (2012b)

richtendienst (englisch: Short Message Service, kurz: SMS). Heute hat sich auch für die Kurznachrichten selbst die Bezeichnung SMS etabliert.

Das Versenden von SMS ist heute nach dem Telefonieren die zweitwichtigste Funktion eines Handys (siehe Detailinfo 8, Seite 91).

Bei US-Teenagern ist der Textversand mittlerweile das Top-Kommunikationsmittel geworden, das sie gegenüber E-Mails, Telefonaten (auch über das Mobiltelefon), Social Networks und selbst persönlichen Gesprächen deutlich vorziehen. Die Hälfte der Teenager sendet 50 oder mehr SMS am Tag bzw. 1.500 SMS monatlich. Ein Drittel von ihnen kommt sogar auf über 100 versendete SMS pro Tag (Lenhart et al. 2010). Die Popularität von SMS-Kurznachrichten bei Jugendlichen hat zur Entstehung eigener Sprachformen geführt, die u.a. durch Abkürzungen und spezifische Wendungen gekennzeichnet sind (siehe Verweis 6, Seite 91).

Die neue Generation internetfähiger Handys (so genannte Smartphones) bietet erheblich erweiterte Funktionen (siehe Detailinfo 8, Seite 91), die Jugendliche ansprechen und von ihnen genutzt werden: im Internet surfen, E-Mails lesen und versenden, Apps auf das eigene Mobiltelefon laden oder auf Facebook „posten“.

Während im Jahr 2009 lediglich jeder vierte junge Mensch zwischen 14 und 29 Jahren die neuen technischen Möglichkeiten von Smartphones nutzte, hat sich der Anteil innerhalb von zwei Jahren auf bereits 40 % erhöht (TNS Infratest 2011). Damit ist auch ein Markt erwachsen, der sich mit Produkten wie Handyspielen und Musikdownloads auf die Konsummotive Spaß und Unterhaltung richtet. Da internetabhängige Funktionen immer wichtiger werden, laufen Smartphones konventionellen Handys zunehmend den Rang ab. 2013 wurden erstmals mehr Smartphones als Handys verkauft (BITKOM 2013).

Verweis 6

AKLA? Sprache in SMS-Textnachrichten

Der Sprachwissenschafts-Professor Peter Schlobinski hat auf seinen Webseiten einen umfangreichen Fundus an Informationen zur Mediensprache eingerichtet. In eigenen Rubriken lassen sich allgemeine Hintergründe, aktuelle Forschungsergebnisse und kuriose Meldungen zum Sprachgebrauch im World Wide Web oder in der Handykommunikation (z. B. SMS) nachlesen. Prof. Schlobinski ist auch Herausgeber des Duden-Wörterbuchs:

„Von HDL bis DUBIDODO – (K)ein Wörterbuch zur SMS"
www.mediensprache.net/de
ISBN 978-3-411-73581-5

DETAILINFO 8

Beliebteste Mobiltelefonfunktionen

bei Kindern und Jugendlichen von 10 bis 18 Jahren in Deutschland im Jahr 2011

Telefonieren	97 %
SMS versenden	89 %
Fotos/Filme machen	74 %
Musik/Radio hören	68 %
Wecker	60 %
Handyspiele	55 %
Kalender	41 %
Ins Internet gehen	11 %

Quelle: Statista (2012a)

Der Siegeszug des Handys in der jungen Altersgruppe ist ein Beleg für die wichtige Rolle, die dieses Produkt in der Alltagswelt von Jugendlichen spielt. Im Unterschied zu älteren Menschen, die Mobiltelefone vor allem als eine zusätzliche technische Möglichkeit ansehen, um auch unterwegs telefonisch erreichbar zu sein und andere erreichen zu können, sind multifunktionale Handys ein integraler Bestandteil

BEISPIEL 5

„Was würde euch fehlen ohne Handy?"

Schülerinnen und Schüler im Rheinland im Alter von 12 bis 24 Jahren wurden im Rahmen einer Studie gefragt, was ihnen fehlen würde, wenn sie kein Mobiltelefon hätten (vgl. Nowotny 2004). Die Möglichkeit, über SMS-Textnachrichten zu kommunizieren, wurde als eine der häufigsten Antworten auf die Frage genannt. Wenngleich einige der Jugendlichen auch angaben, dass ihnen nichts fehlen würde, verdeutlichen weitere Antworten, wie wichtig und für viele unverzichtbar das Handy im Jugendalltag geworden ist.

DETAILINFO 9

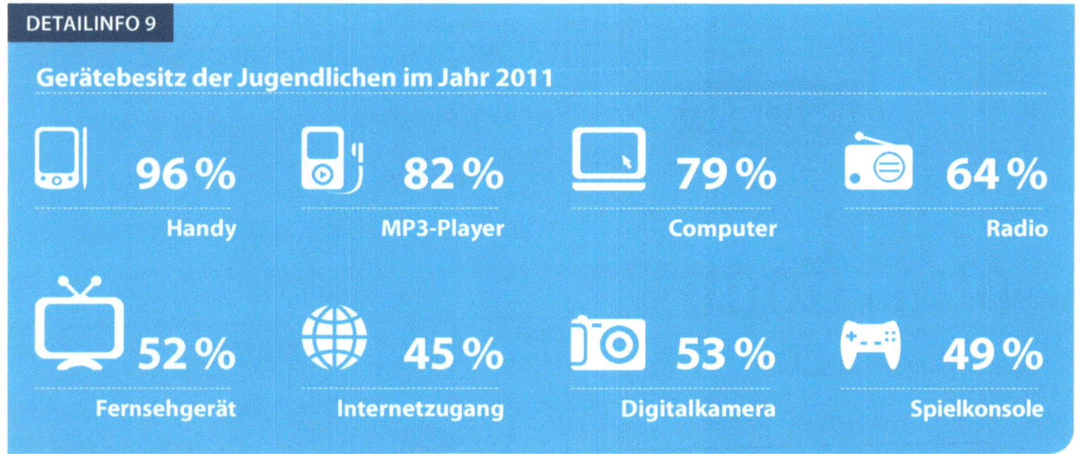

Quelle: MPFS (2011)

der Lebenswelt von Jugendlichen geworden, den sie mehrheitlich für unverzichtbar halten (siehe Beispiel 5).

Nicht nur mit Handys sind heutige Jugendliche sehr gut ausgestattet. Auch zahlreiche weitere Informations- und Telekommunikationsgeräte (ITK) wie MP3-Player, Computer oder DVD-Player gehören heute zur Grundausstattung für viele der 12- bis 19-Jährigen (MPFS 2011; siehe Detailinfo 9).

Wie nachhaltig ist die Handynutzung?

Der ökologische Rucksack eines Handys speist sich in der Nutzungsphase zum einen daraus, was wir wie oft und wie lange mit dem Handy machen, z. B. telefonieren, SMS schreiben, im Internet surfen. Zum anderen wird aber auch durch den Vertrieb über den Fachhandel und die Bereitstellung des Mobilfunknetzes Natur verbraucht. Neben diesen ökologischen Folgen sind zudem weitere soziale und verbraucherpolitische Folgen gemeint, wenn danach gefragt wird, wie nachhaltig unsere Handynutzung ist. Diese werden im Folgenden für die Phasen Auswahl und Beschaffung eines Handys sowie Ge- und Verbrauch eines Handys dargestellt. Auf die Phase Recycling und Wiederverwertung geht das Lernmodul III (ab Seite 117) ausführlich ein.

14.1 Auswahl und Beschaffung eines Handys

Mit jedem Mobiltelefon, das wir kaufen, kaufen wir auch immer seinen „ökologischen Rucksack" mit (Schmidt-Bleek 2000; siehe ausführlicher Seite 51ff.). In ihm stecken bereits all die Stoffe aus der Natur, die für die Rohstoffgewinnung und die Produktion aufgewendet wurden (siehe hierzu ausführlich Lernmodul I). Durchschnittlich ist der Rucksack des Handys, das wir kaufen, mit 43,5 kg bereits schwerer als zwei volle Kisten Mineralwasser im Getränkemarkt. Die Anschaffung selbst trägt dazu bei, das Gewicht des ökologischen Rucksacks weiter zu erhöhen, etwa durch die Fahrt zum Laden, in dem das Gerät gekauft wird.

14.2 Ge- und Verbrauch eines Handys

Unsere heutigen modernen Mobiltelefone verfügen über zahlreiche Funktionen und Nutzungsmöglichkeiten. Wir können mit unseren Handys per Video telefonieren, fotografieren, Filme aufnehmen, Spiele spielen, im Internet surfen, Radio und Musik hören, uns wecken lassen, unsere Termine organisieren oder bequem Daten per Bluetooth austauschen. Die damit verbundenen Energieverbräuche tragen dazu bei, dass der ökologische Rucksack eines Handys in der Nutzungsphase anwächst. Weiter erhöht wird das Rucksackgewicht in der Nutzungsphase durch mögliche notwendige Reparaturen.

Der Energieverbrauch ist eine der ökologischen Hauptbelastungen im Lebenszyklus eines Handys, wobei ein Großteil des Energieverbrauchs bereits in der Herstellungsphase anfällt.

DETAILINFO 10

Energieverbrauch im Vergleich

Älteres Handy und neueres Smartphone:

1.000	Akkukapazität (in mAh)	1.400
3,4	Spannung (in V)	3,7
1x täglich	Ladehäufigkeit	1x täglich
1,3	Jahresverbrauch durch Laden (in kWh)	1,9

Quelle: Rice & Hay (2010), Angaben ohne Leerlaufverluste und Infrastruktur

Während der Nutzungsphase lassen sich zwei Arten des Energieverbrauchs unterscheiden. Der direkte Energieverbrauch eines Handys geschieht durch die Nutzung und das Aufladen des Gerätes. Der Energieverbrauch ist abhängig davon, wie wir unser Handy nutzen (vgl. Walser 2005): Verwenden wir das Handy nur gelegentlich oder häufig? Welche Funktionen unseres Handys nutzen wir in welchem Umfang? Wie laden wir unser Handy auf? Handys verursachen aber auch einen indirekten Energieverbrauch, indem für sie ein Mobilfunknetzwerk betrieben werden muss, das aus Basisstationen, Antennen, Vermittlungsstellen und einem Leitungssystem besteht. Ohne diese Mobilfunk-Infrastruktur würden unsere Handys gar nicht funktionieren.

Der direkte Energieverbrauch eines Handys lässt sich daraus ableiten, wie häufig das Gerät aufgeladen werden muss. Hier zeigt sich, dass der Energieverbrauch eines Smartphones um fast 50 % höher ist als der älterer Handys (siehe Detailinfo 10). Nicht eingerechnet in der Beispielrechnung sind die so genannten Leerlaufverluste. Diese entstehen dadurch, dass Handy-Ladegeräte auch dann noch Strom verbrauchen, wenn das zu ladende Handy bereits voll ist oder das in der Steckdose steckende Ladegerät gar nicht mehr mit dem Handy verbunden ist. Je nachdem wie effizient das eingesetzte Ladegerät ist, können Leerlaufverluste bei einem Handy zum Teil beträchtliche zusätzliche Stromverbräuche verursachen. Allgemein gehen laut dem Hersteller Nokia nur rund ein Drittel des gesamten Stromverbrauchs auf das eigentliche Laden und rund zwei Drittel auf Leerlaufverluste (RWE Energy 2009) zurück, so dass der Gesamtstromverbrauch eines Handys deutlich höher ausfällt als in der Detailinfo 10 angegeben. Seit April 2010 gilt für neue Handyladegeräte 0,3 Watt Leistungsaufnahme im Leerlauf als Grenzwert.

Im Vergleich zu anderen elektronischen Geräten haben Handys eine eher geringe Bedeutung für den gesamten Stromverbrauch eines Haushalts. Zusammengenommen jedoch vereinten alle ITK-Geräte wie Radio, Computer oder Fernseher im Jahr 2007 rund ein Viertel des gesamten Stromverbrauchs privater Haushalte auf sich. Auch die Verbreitung von Handys macht das Ausmaß des Verbrauchs deutlich: So werden allein für die in Deutschland genutzten Mobiltelefone Leerlaufverbräuche von insgesamt 500 Millionen kWh pro Jahr angenommen.

Der indirekte Energieverbrauch eines Handys ergibt sich aus dem Stromverbrauch der dahinterliegenden Infrastruktur (bestehend aus Basisstationen, Antennen, Vermittlungsstellen, Leitungssystem; siehe hierzu auch den Kurzfilm im Verweis 10 auf Seite 108). Wenn der Energieverbrauch der Mobilfunk-Infrastruktur auf jedes einzelne Mobiltelefon umgelegt würde, so wäre im Jahr 2007 jedes Mobiltelefon für weitere 31,9 kWh Energieverbrauch verantwortlich gewesen (Fraunhofer IZM & Fraunhofer ISI 2009). Betrachtet man den Energieverbrauch, der für die gesamte Infrastruktur für Mobilfunk, Festnetz und Internet benötigt wird, sieht man, dass ganze 3 % des Weltenergieverbrauchs allein

BEISPIEL 6

Wie kann man eine Kilowattstunde (kWh) erzeugen?

9 h → 1 kWh

Was kann man mit einer Kilowattstunde (kWh) machen?

1 h waschen (60°)

½ h kochen

5 h Computer benutzen

50 h beleuchten (20 W)

Quellen: Green-Schools Ireland (o. J.), Verivox (o. J.), Bund der Energieverbraucher (o. J.)

Verweis 7

„Lädst du noch oder verschwendest du schon?"

Neue, sparsame Netzteile verbrauchen im Vergleich zu alten Modellen nur ein Zehntel der Energie. Deswegen sollen Ladegeräte künftig durch ein Gütezeichen ähnlich dem EU-Label gekennzeichnet werden, das den Stand-by-Verbrauch anzeigt. Fünf Sterne bekommen Ladegeräte, die im Leerlaufbetrieb weniger als 0,03 Watt verbrauchen, keinen Stern bekommt ein Gerät, das mehr als 0,5 Watt verbraucht.

Quelle: RWE Energy (2009)

darauf entfallen (Fettweis & Zimmermann 2008). Durch die Trends in der Handynutzung ist ein weiterer Anstieg des Energieverbrauchs für die mobile Kommunikation anzunehmen.

Mit der Nutzung eines konventionellen Handys fällt ein ökologischer Rucksack von durchschnittlich 31,7 kg an. Diese Angaben beziehen sich jedoch allein auf den direkten Energieverbrauch, der mit Hilfe von so genannten Materialinputindikatoren errechnet wurde. Sie umfassen ebenfalls die Leerlaufverluste des Ladekabels, wie auf Seite 95 beschrieben, was einen großen Teil des gesamten ökologischen Rucksacks in der Nutzungsphase ausmacht. Der Energieverbrauch eines neueren Smartphones ist aufgrund der multifunktionalen Einsatzmöglichkeiten und

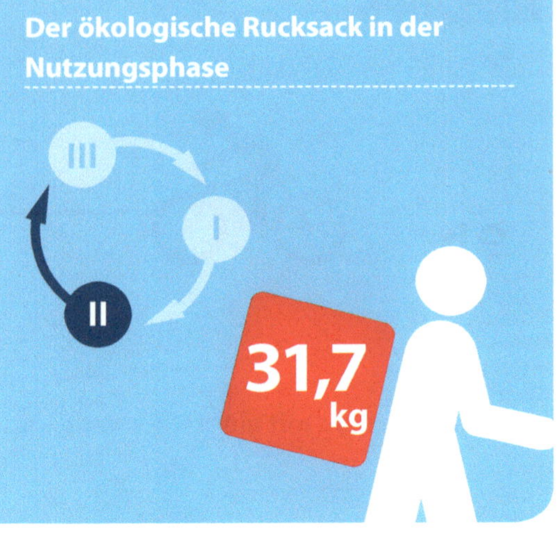

Quelle: Wuppertal Institut

DETAILINFO 11

Akzeptieren Sie die AGBs und starten Sie den Download!

Wir alle kennen die Aufforderung: Vor dem Download oder der ersten Benutzung eines Programms werden wir gefragt, ob wir den allgemeinen Geschäftsbedingungen (AGBs) zustimmen. Kaum ein Nutzer scrollt sich vollständig durch die oft seitenlangen Texte – meist ist die Zustimmung innerhalb weniger Sekunden per Mausklick erfolgt.

Was aber steht eigentlich in den AGBs, die wir da akzeptieren? Datenschützer üben zum Teil scharfe Kritik daran, wie unsere Kundendaten erfasst und verwendet werden. Einige Unternehmen erheben umfangreiche personenbezogene Daten, die nach Belieben ausgewertet werden können und auch an verbundene Unternehmen oder über Ländergrenzen hinweg weitergegeben werden, wo dann zum Teil weniger strenge Datenschutzrichtlinien gelten als in Deutschland (Stiftung Warentest 2011). Häufig wissen die Kunden nicht, welche Daten erhoben werden und was damit geschieht. So zeichnet das iPhone z.B. bei jedem Wechsel der Funkzelle Standortdaten auf, woraus sich ein umfangreiches Bewegungsprofil des Nutzers erstellen lässt. Bei der Synchronisierung des Geräts mit einem PC werden diese Informationen unverschlüsselt übertragen. Da die Datensicherheit bei diesem Vorgang gering ist, liegt hier ein hohes Missbrauchspotenzial vor (Biermann 2011; Biermann & Steffen 2011). Die Missbrauchsgefahr ist auch bei Apps aus weniger seriösen Quellen sowie bei kostenlosen Programmen hoch. Funktionalitäten dieser Apps ermöglichen zum Teil Dritten den Zugriff auf persönliche Daten, die dann sogar an andere Unternehmen verkauft werden. Dies alles geschieht häufig mit unserem ausdrücklichen Einverständnis. Um diesen Risiken vorzubeugen, wird ein gründliches Lesen der AGBs empfohlen (Stiftung Warentest 2011).

Ich stimme den allgemeinen Geschäftsbedingungen zu

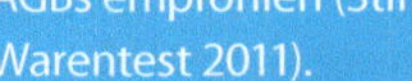

DETAILINFO 12

Wie gefährlich ist Handystrahlung?

Eine Frage, die seit Jahren erforscht und in den Medien immer wieder kontrovers diskutiert wird, richtet sich auf die gesundheitlichen Auswirkungen der von Handys erzeugten elektromagnetischen Felder. Befürchtungen reichen von Einschränkungen des Wohlbefindens (z. B. Kopfschmerzen oder Konzentrationsstörungen) über Zellschäden bis zu erhöhtem Risiko von Hirntumoren (Aufdereggen 2006; Salford et al. 2003; Schwarz et al. 2008). Die wissenschaftliche Forschung konnte diese Befürchtungen jedoch nicht bestätigen und man geht heute davon aus, dass bei Einhaltung der geltenden Grenzwerte keine Gesundheitsschäden durch Handystrahlung zu erwarten sind (Bischof et al. 2008; BfS 2010; Regel et al. 2006). Forschungsbedarf besteht jedoch noch hinsichtlich der Folgen von intensiver Langzeitnutzung von Mobiltelefonen sowie zu den Folgen der Mobiltelefonnutzung bei Kindern. Hier kann eine Gefährdung bzw. ein erhöhtes Hirntumorrisiko noch nicht mit Sicherheit ausgeschlossen werden (BfS 2010).

Es gibt verschiedene Möglichkeiten, die Strahlenbelastung durch Handys zu verringern, z. B. durch den Kauf von Geräten mit niedrigen SAR-Werten (der SAR-Wert beschreibt die Strahlungsabsorption im Körper), durch das Verwenden von Headsets, durch das Vermeiden langer Gespräche (insbesondere bei schlechtem Empfang oder im Auto, da hier die Sendeleistung und damit die Strahlenbelastung besonders hoch ist) oder durch das Senden von SMS anstelle von Telefongesprächen (BfS 2011).

der umfassenderen Ausstattung (großes Display, hochauflösende Kamera u. v. m.) noch größer. Nicht zuletzt aus diesem Grund ist der wachsende Marktanteil von Smartphones auch aus Umweltsicht relevant. Nicht enthalten in den 31,7 kg des ökologischen Rucksacks der Nutzungsphase eines konventionellen Handys ist der indirekte Energieverbrauch, der insbesondere durch das Mobilfunknetzwerk anfällt. Für Smartphones, welche durch ihre Internetfähigkeit ein umfangreicheres Mobilfunknetz benötigen, ist der hierdurch verursachte Energieverbrauch nochmal höher. Genaue Zahlen liegen hierfür bisher noch nicht vor.

Neben den ökologischen Folgen gibt es weitere Auswirkungen, die sich aus dem Kauf eines Handys, eines Betriebssystems oder weiterer Apps ergeben. Problematische Konsequenzen ergeben sich hierbei aus häufig intransparenten allgemeinen Geschäftsbedingungen (AGBs) von Mobilfunkprovidern, Geräteherstellern und Anbietern. Diese enthalten häufig Klauseln, die sprachlich intransparent oder gar unzulässig sind (siehe Detailinfo 11, Seite 96). Eine kontroverse Diskussion und intensive Forschungsanstrengungen richten sich zudem auf mögliche Folgen, die sich aus den von Mobiltelefonen erzeugten elektromagnetischen Feldern ergeben („Handystrahlung", siehe Detailinfo 12, Seite 97). Schließlich werden auch soziale Folgen problematisiert. Durch die rasante Verbreitung von Handys ist ein Markt entstanden, dessen Arbeitsbedingungen aus Arbeitnehmersicht von langen Arbeitszeiten und geringen Einkommen geprägt sind (Input Consulting 2009; Schwemmle 2009). In der Nutzungsphase eines Handys werden insbesondere die Arbeitsbedingungen in Call-Centern kritisiert, die von den Beschäftigten als besonders stressig empfunden werden (Input Consulting 2009).

Perspektiven für eine nachhaltige Handynutzung

Wie kann es gelingen, vor dem Hintergrund der dargestellten Probleme die Nutzung von Handys nachhaltiger zu gestalten? Wenngleich es die eine Antwort auf diese Frage nicht gibt, so lassen sich doch eine Reihe von Ansatzpunkten nennen, die bei Politik, Wirtschaft und Verbraucherinnen und Verbrauchern ansetzen.

In Bezug auf wirtschaftliche Produktionsprozesse werden breite Anstrengungen unternommen, um die Ressourceneffizienz in der gesamten Wertschöpfungskette zu erhöhen. Eine Strategie hierbei ist es, die Nutzungsdauer von Handys zu erhöhen. Diese liegt heute durchschnittlich lediglich bei 18 bis 24 Monaten, obwohl die meisten Geräte noch länger funktionieren würden. Die geringe Nutzungsdauer ist u. a. auf eine Anreizsetzung seitens der Anbieter zurückzuführen, durch die sich jeder mit der nächsten Vertragsverlängerung ein neues Handy subventionieren oder „schenken" lassen kann – oft schon Monate vor Vertragsende. Alternativen hierzu sind Angebote, die es interessant machen, ein Handy länger zu nutzen als nur zwei Jahre. So bieten einige Mobilfunkanbieter ihren Kunden, die bei einer Vertragsverlängerung kein neues Handy wünschen, stattdessen eine Gutschrift an. Ein weiterer Ansatz, um Material einzusparen, ist die bessere Standardisierung externer Netzteile und weiterem Zubehör. So müsste nicht mehr für jedes Gerät eigenes Zubehör gefertigt werden.

Ein Smartphone verbraucht durchschnittlich mehr Energie und damit auch mehr Ressourcen als ein konventionelles Handy. Dennoch wird mit der weiter voranschreitenden Verbreitung von Smartphones auch die Hoffnung verbunden, dass sich unter dem Strich Einsparmöglichkeiten beim Verbrauch ergeben – nämlich dann, wenn dadurch andere Geräte bzw. deren Anschaffung/Herstellung komplett ersetzt werden. Schon heute haben einige Smartphone-Haushalte kein Festnetztelefon und keine MP3-Player mehr. Ob dieses Einsparpotenzial ausgeschöpft wird, hängt jedoch maßgeblich davon ab, wie gut es in Zukunft gelingt, Geräte tatsächlich zu ersetzen und nicht lediglich zu ergänzen (siehe hierzu auch Simon et al. 2010).

Bereits heute gibt es für uns als Konsumenten und Konsumentinnen eine Reihe von Möglichkeiten, wie wir unser Handy nachhaltig nutzen können. Diese lassen sich als sechs Faustregeln formulieren (im Englischen spricht man von den „sechs R", siehe Beispiel 7, Seite 100).

BEISPIEL 7

Leitlinien nachhaltigen Konsumierens

In der Regel können wir in die ökologischen Rucksäcke der Produkte, die wir kaufen, nicht hineinschauen. Genauso wenig können wir alle Auswirkungen unserer Konsumhandlungen für alle heute und zukünftig lebenden Menschen überblicken. Dennoch können wir mit unseren Konsumhandlungen einen Beitrag dazu leisten, unseren Planeten zu schützen und anderen Menschen ein gutes Leben zu ermöglichen. Im englischsprachigen Raum wurden dazu leicht merkbare Leitlinien für das eigene Konsumhandeln entwickelt: die so genannten R-Regeln (Zusammenstellung nach Baedeker et al. 2002; Shallcross & Wals 2006).

Rethink

Achte beim Kauf von Konsumgütern darauf, dass **sie wenig verbrauchen und fair hergestellt wurden** (z. B. durch entsprechende Labels).

Refuse

Weigere dich, Konsumgüter immer gleich zu kaufen: **Nutze wo möglich auf Leihbasis.**

Reduce

Überdenke, ob du auf einiges nicht auch **verzichten** kannst.

Reuse

Verwende Konsumgüter so lange wie möglich bzw. gib sie an andere weiter - **leihe, teile, tausche lieber**

Repair

Pflege und repariere Konsumgüter so, dass du lange etwas von ihnen hast.

Recycle

Vermeide Abfall und Wegwerfen – **führe das, was nicht mehr zu reparieren ist, dem Recycling zu.**

Bezogen auf das Handy bedeutet dies ...

- **... Leerlauf zu vermeiden:** Ein eingeschaltetes Mobiltelefon verbraucht Energie, auch wenn keine Verbindung aufgebaut ist. Man nennt diesen Zustand auch „Idle", d. h. das Mobiltelefon hat Leerlauf (IT Wissen, o. J.). Im „Idle"-Zustand befinden sich die Mobiltelefone oft im „Stand-by-Modus", sind also nicht ausgeschaltet, verbrauchen aber Energie. Schaltet man das Mobiltelefon nachts aus, spart man Energie.
- **... das Ladegerät herauszuziehen:** Ein Ladegerät verbraucht Energie, wenn es in der Steckdose steckt, auch wenn es das Mobiltelefon gerade nicht auflädt. Durch das Rausziehen des Ladegeräts könnte man bis zu 20 % des gesamten Energieverbrauchs in der Nutzungsphase sparen (Walser 2005).
- **... den Akku zu schonen:** Die Lebensdauer und die Leistung eines Handys können dadurch verbessert werden, dass beispielsweise die jahreszeitlichen Schwankungen des Wetters – also extreme Bedingungen in Winter (große Kälte) und Sommer (starke Sonneneinstrahlung) – beachtet werden und das Mobiltelefon davor geschützt wird. Dadurch hält der Akku länger und es müssen weniger Akkus produziert werden. Das spart Energie (CHIP Online, o. J.).
- **... zu wissen, welche Anwendung wie viel Energie verbraucht:** Einige Betriebssysteme von Smartphones bieten die Möglichkeit, den Energieverbrauch des eigenen Handys detailliert aufzuschlüsseln. Dadurch wird sichtbar, welche Komponenten oder Anwendungen die meiste Energie verbrauchen (z. B. GPS, Bluetooth, Vibrationsfunktionen, grafikintensive Anwendungen). Darüber hinaus können auch Apps identifiziert werden, die Ortungs- und Synchronisationsfunktionen nutzen, ohne dass der Nutzer gezielt danach fragt (CHIP Online, o. J.).
- **... bei der Vertragswahl die richtige Wahl zu treffen:** „SIM-only" ist ein Begriff, der auf verschiedenen Internetportalen für SIM-Karten ohne Mobiltelefon verwendet wird. Dabei ist es unerheblich, ob es sich um Prepaid-, Postpaid- oder um Laufzeitverträge handelt. SIM-only bedeutet nur, dass der Handybesitzer sein gewohntes Gerät behält und mit einer neuen SIM-Karte benutzen kann. Als Belohnung für den Verzicht auf ein neues Mobiltelefon bieten die Mobilfunkanbieter spezielle Angebote an (z. B. Inklusivminuten, Inklusiv-SMS, Erlass der Grundgebühr, Startguthaben, Homezone mit Festnetznummer).
- **... sorgsam mit dem Handy umzugehen:** Ein sicherer Umgang mit dem Mobiltelefon ist wichtig, um lange Spaß mit dem Gerät zu haben. Wer achtlos mit seinem Mobiltelefon umgeht, der wird sich früher oder später über Kratzer und sonstige Makel ärgern. Freude am eigenen Handy behält, wer es in einer Schutztasche aufbewahrt, vor Feuchtigkeit und Schlägen schützt, an einem geeigneten Ort aufbewahrt und den Akku ordnungsgemäß lädt.
- **... Defekte reparieren zu lassen:** Handys sind Gebrauchsgegenstände, bei denen im Umgang mitunter das Display zu Bruch gehen oder der Akku nicht mehr richtig funktionieren kann. Ein defektes Mobiltelefon muss aber nicht direkt gegen ein neues ausgetauscht werden, sondern lässt sich möglicherweise auch reparieren. Die meisten Handys haben darüber hinaus zwei Jahre Garantie. Da lohnt oft die Inanspruchnahme einer der mittlerweile zahlreichen Reparaturservice-Stellen. Ein Kostenvoranschlag verschafft Klarheit über den Preis.

Verweis 8

Nachhaltige Nutzung bedeutet …

… ein nachhaltigeres Handy zu benutzen

80 % der Umweltbelastungen werden schon bei der Gestaltung eines Produktes festgelegt. Neuerdings gibt es eine Reihe von Handys, die material- und ressourcensparend hergestellt wurden – bis hin zu (noch unausgereiften) Versuchen, ein „Null-Energie-Handy" zu konstruieren, das den menschlichen Körper als primäre Energiequelle nutzt.

www.energie-tipp.de/sparen/multimedia

… ein Handy für nachhaltigeres Verhalten einzusetzen

Smartphones bieten heute die Möglichkeit, zahlreiche kleine nützliche oder unterhaltsame Zusatzprogramme (Apps) zu verwenden. Inzwischen gibt es auch eine Reihe „grüner" Apps, die uns z. B. dabei helfen können, Produkte im Laden einem Nachhaltigkeitscheck zu unterziehen (Was steckt an Umweltbelastung drin? Unter welchen Arbeitsbedingungen wurden sie gefertigt?).

www.utopia.de/magazin/die-besten-gruenen-apps-kostenlos-fuer-iphone-und-android

http://reset.org/act/gruene-apps--nachhaltige-handy-programme-fuer-smartphones

15

Teil einer nachhaltigen Nutzung des Handys ist es auch, das Handy – wenn man es einmal nicht mehr benötigt – so weiterzugeben, dass es anderen weiteren Nutzen bringt (siehe hierzu ausführlich auch das folgende Lernmodul III, Seite 117ff).

Literatur zu Teil IV

Aufdereggen, B. (2006). Nach Veröffentlichung der Schweizer UMTS-Studie: AefU bleiben bei Moratoriumsforderung für Mobilfunkanlagen. Schweizerische Ärztezeitung, 87 (25), 1162–1163. Zugriff am 17.05.2012. Verfügbar unter http://www.saez.ch/docs/saez/archiv/de/2006/2006-25/2006-25-613.pdf.

Baedeker, C., Kalff, M. & Welfens, M.-J. (2002). Clever leben: MIPS für KIDS: Zukunftsfähige Konsum- und Lebensstile als Unterrichtsprojekt (2. Aufl.). München: Oekom.

BfS – Bundesamt für Strahlenschutz (2010, 18. Mai). INTERPHONE-Studie findet kein erhöhtes Hirntumorrisiko durch Handynutzung – BfS rät weiterhin zur Vorsorge. Zugriff am 17.05.2012. Verfügbar unter http://www.bfs.de/de/elektro/hff/papiere.html/interphonestudie.html.

BfS – Bundesamt für Strahlenschutz (2011, 18. August). Empfehlungen des Bundesamtes für Strahlenschutz zum Telefonieren mit dem Handy. Zugriff am 17.05.2012. Verfügbar unter http://www.bfs.de/de/elektro/hff/empfehlungen_handy.html.

Biermann, K., & Steffen, T. (2011, 21. April). iPhone und iPad speichern Bewegungsprofile. Die ZEIT. Zugriff am 17.05.2012. Verfügbar unter http://www.zeit.de/digital/datenschutz/2011-04/iphone-ipad-ortungsdaten.

Biermann, K. (2011, 24. Februar). Was Vorratsdaten über uns verraten. Die ZEIT. Zugriff am 17.05.2012. Verfügbar unter http://www.zeit.de/digital/datenschutz/2011-02/vorratsdaten-malte-spitz.

Bischof, F., Langner, J., & Begall, K. (2008). Elektromagnetische Felder des Mobilfunks – Grenzwerte, Effekte und Risiken für CI-Träger und Gesunde. Laryngo-Rhino-Otologie, 87 (11), 768–774.

BITKOM – Bundesverband Informationswirtschaft, Telekommunikation und neue Medien e.V. (2012). Zeitenwende auf dem Handy-Markt. Verfügbar unter http://www.bitkom.org/de/presse/8477_71243.aspx.

BITKOM – Bundesverband Informationswirtschaft, Telekommunikation und neue Medien e.V. (2013), Zeitenwende auf dem Handy-Markt. Verfügbar unter http://www.bitkom.org/de/markt_statistik/64086_77345.aspx

Bund der Energieverbraucher (o. J.). Was kann man mit einer Kilowattstunde Strom alles machen? Zugriff am 17.05.2012. Verfügbar unter http://www.energieverbraucher.de/de/site/Hilfe/Daten-und-Statistiken/Gesichter-einer-Kilowattstunde_1116/.

CHIP Online. (o. J.). Handy-Tipps: So sparen Sie Geld und Akku-Energie. Zugriff am 17.05.2012. Verfügbar unter http://www.chip.de/bildergalerie/Handy-Tipps-So-sparen-Sie-Geld-und-Akku-Energie-Galerie_32721681.html.

Fettweis, G., & Zimmermann, E. (2008). ICT Energy Consumption – Trends and Challenges. In Proceedings of the 11th International Symposium on Wireless Personal Multimedia Communications. Zugriff am 17.05.2012. Verfügbar unter https://mns.ifn.et.tu-dresden.de/Lists/nPublications/Attachments/559/Fettweis_G_WPMC_08.pdf.

Fraunhofer IZM – Fraunhofer-Institut für Zuverlässigkeit und Mikrointegration & Fraunhofer ISI – Fraunhofer-Institut für System- und Innovationsforschung (2009). Abschätzung des Energiebedarfs der weiteren Entwicklung der Informationsgesellschaft: Abschlussbericht an das Bundesministerium für Wirtschaft und Technologie, Berlin, Karlsruhe.

Green-Schools Ireland (o. J.). What is 1 kWh? Verfügbar unter http://www.greenschoolsireland.org/_fileupload/energy%20resources/What%20is%201%20kWh.pdf.

Input Consulting (2009). Die Qualität der Arbeitsbedingungen aus Sicht der Beschäftigten in der Telekommunikations- und IT-Dienstleistungsbranche: Eine Analyse auf Basis einer Zusatzbefragung zum DGB-Index Gute Arbeit 2008. Verfügbar unter http://www.verdi-gute-arbeit.de/upload/m49c9121709c97_verweis1.pdf.

IT Wissen (o. J.). Ruhezustand/Idle State. Zugriff am 17.05.2012. Verfügbar unter http://www.itwissen.info/definition/lexikon/Ruhezustand-idle-state.html.

Lenhart, A., Ling, R., Campbell, S., & Purcell, K. (2010). Teens and Mobile Phones: Text messaging explodes as teens embrace it as the centerpiece of their communication strategies with friends. Washington, D.c: Pew Research Center, Pew Internet & American Life Project. Zugriff am 17.05.2012. Verfügbar unter http://pewinternet.org/~/media//Files/Reports/2010/PIP-Teens-and-Mobile-2010-with-topline.pdf.

MPFS – Medienpädagogischer Forschungsverbund Südwest (2004). JIM-Studie 2004: Jugend, Information, (Multi-) Media. Basisuntersuchung zum Medienumgang 12- bis 19-Jähriger.

MPFS – Medienpädagogischer Forschungsverbund Südwest (2011). JIM-Studie 2011: Jugend, Information, (Multi-) Media. Basisuntersuchung zum Medienumgang 12- bis 19-Jähriger.

Nowotny, A. (2004). Daumenbotschaften: Zur Bedeutung von Handy und SMS für Jugendliche im Rheinland. Amt für rheinische Landeskunde. Zugriff am 17.05.2012. Verfügbar unter http://www.mediaculture-online.de/fileadmin/bibliothek/nowotny_daumenbotschaften/lvr_daumenbotschaften.pdf.

Regel, S. J., Negovetic, S., Röösli, M., Berdiñas, V., Schuderer, J., Huss, A., et al. (2006). UMTS base station-like exposure, well-being, and cognitive performance. Environ. Health Perspect., 114 (8), 1270-1275.

Rice, A., & Hay, S. (2010). Measuring mobile phone energy consumption for 802.11 wireless networking. Pervasive and Mobile Computing, 6 (6), 593 – 606.

RWE Energy (2009). Einfach Energie Sparen. Verfügbar unter http://www.rwe.com/web/cms/mediablob/de/194726/data/75670/3/rwe-magazin/energiesparen.pdf.

Salford, L. G., Brun, A. E., Eberhardt, J. L., Malmgren, L., & Persson, B. R. R. (2003). Nerve Cell Damage in Mammalian Brain after Exposure to Microwaves from GSM Mobile Phones. Environ Health Perspect, 111 (7), 881 – 883.

Schmidt-Bleek, F. (2000). Das MIPS-Konzept: Weniger Naturverbrauch - mehr Lebensqualität durch Faktor 10. München: Droemersche Verlagsanstalt Th. Knaur Nachf.

Schwarz, C., Kratochvil, E., Pilger, A., Kuster, N., Adlkofer, F., & Rüdiger, H. W. (2008). Radiofrequency electromagnetic fields (UMTS, 1,950 MHz) induce genotoxic effects in vitro in human fibroblasts but not in lymphocytes. Int Arch Occup Environ Health, 81 (6), 755 – 767.

Schwemmle, M. (2009). Telekommunikation in Deutschland: eine Branche unter Druck: Studie im Auftrag von ver.di Bildung + Beratung gGmbH, Stuttgart. Verfügbar unter http://www.input-consulting.com/download/korr_def_end_100224.pdf.

Shallcross, T., & Wals, A. E. J. (2006). Mind your Es, Ds and Ss: clarifying some terms. In A. E. J. Wals, T. Shallcross, J. Robinson & P. Pace (Hrsg.), Creating sustainable environments in our schools (S. 3 – 10). Stoke-on-Trent: Trentham.

Simon, V., Bernotat, A., Lettenmeier, M. (2010). Ressourceneffizienzkriterien im Design am Beispiel Mobiltelefon. In: H. Rohn, N. Pastewski, M. Lettenmeier und das gesamte AP1-Konsortium: Ressourceneffizienz von ausgewählten Technologien, Produkten und Strategien: Abschlussbericht zu AP1, Ressourceneffizienz Paper 1.5, Wuppertal: Wuppertal Institut für Klima, Umwelt, Energie.

Statista (2012a). Beliebteste Mobiltelefon-Funktionen bei Kindern und Jugendlichen von 10 bis 18 Jahren in Deutschland im Jahr 2011. Zugriff am 21.05.2012. Verfügbar unter http://de.statista.com/statistik/daten/studie/181410/umfrage/beliebteste-mobiltelefon-funktionen-bei-kindern-und-jugendlichen/.

Statista (2012b). Möglichkeit der Handynutzung durch Kinder und Jugendliche in Deutschland in den Jahren 2010 und 2011 nach Altersgruppen. Verfügbar unter http://de.statista.com/statistik/daten/studie/1104/umfrage/handynutzung-durch-kinder-und-jugendliche-nach-altersgruppen/.

Stiftung Warentest (2011). Ungeschützter Datenverkehr. Stiftung Warentest (8), 42 – 47.

TNS Infratest (2011). TNS Convergence Monitor 2011: 26 Prozent der Handybesitzer nutzen das mobile Internet. Verfügbar unter http://www.tns-infratest.com/presse/pdf/presse/2011_09_07_tns_infratest_charts_mobiles_internet.pdf.

Verivox (o. J.). Was man mit einer Kilowattstunde Strom machen kann. Verfügbar unter http://www.verivox.de/ratgeber/was-man-mit-einer-kilowattstunde-strom-machen-kann-54875.aspx.

Walser, A. (2005). Mobiltelefone im Spannungsfeld von sozial-ökologischen Problemen und Kundenbedürfnissen. In F. Belz & M. Bilharz (Hrsg.), Nachhaltigkeits-Marketing in Theorie und Praxis (1. Aufl., S. 211 – 226). Wiesbaden: Deutscher Universitäts-Verlag.

Modul II – Aufgabenteil

Hinweise für Lehrerinnen und Lehrer

Zur Aufgabe 1:

Handy-Energien auf der Spur  

Zur Konzeption der Aufgabe: Die Aufgabe zielt auf die eigenständige Erarbeitung der im Sachteil präsentierten Informationen zum Energieverbrauch eines Handys ab. Von Bedeutung ist hierbei die fachliche Unterscheidung von direktem Energieverbrauch (Laden und Leerlaufverluste) und indirektem Energieverbrauch durch Mobilfunk-Infrastruktur. Die Reorganisation der erarbeiteten Informationen wird über eine visuelle Darstellungsform angeregt.

Methodisch-didaktische Überlegungen: Je nach Anforderungsgrad kann das Arbeitsmaterial um eigene Internetrechercheaufträge ergänzt werden. Um die Größenordnungen der Verbräuche zu illustrieren, kann die als Kopiervorlage angebotene Detailinfo 9 aus dem Sachteil eingesetzt werden. Die entwickelten Poster können zum Abschluss in Form einer Posterausstellung in der Klasse von allen begutachtet werden. In der Aufgabenbeschreibung ist ein beispielhaft ausgefülltes Poster enthalten. Wir empfehlen, den Schülerinnen und Schülern dieses Beispiel nicht mit auszugeben.

Bezüge zu Kompetenzbereichen: Die Aufgabe spricht mit den Themen Energieverbrauch, Mobilfunknetz und Stromversorgung vor allem physikalisches, mathematisches und technisches Fachwissen an. Darüber hinaus wenden die Schülerinnen und Schüler in dieser Aufgabe Techniken zur Erkenntnisgewinnung an, indem sie aus textlichen und filmischen Quellen ergebnisorientiert Informationen entnehmen, sie hinsichtlich ihres Erklärungsgehalts bewerten und adressatengerecht präsentieren. Durch die Berechnung der Stromkosten eines Handys durch Laden und die Wiedergabe der gewonnenen Informationen zum Energieverbrauch in Form eines Posters kommen die Kompetenzbereiche Erkenntnisgewinnung und Kommunikation zum Tragen.

Vom Wissen zum Handeln: Die Schülerinnen und Schüler erfahren, welche Probleme im Zusammenhang mit der Handynutzung durch direkten und indirekten Energieverbrauch entstehen. Sie berechnen den Energieverbrauch des eigenen Handys und wissen um die verschwendete Energie und verursachten Kosten.

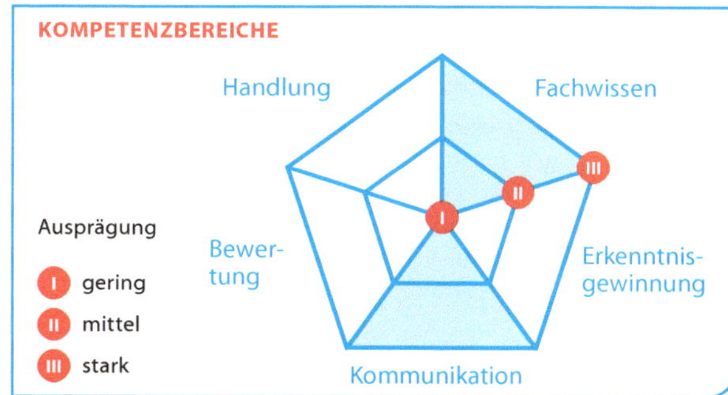

Zur Aufgabe 2:

Das Handy in unserem Alltag  

Zur Konzeption der Aufgabe: Die Aufgabe setzt induktiv bei den Erfahrungen und kommunikativen Alltagspraktiken der Schülerinnen und Schüler an. In einem zweistufigen Prozess sammeln die Schülerinnen und Schüler Nutzungsmöglichkeiten und -gewohnheiten in Bezug auf Handys und entwickeln daraus einen Protokollbogen zur systematischen Selbstbeobachtung.

Methodisch-didaktische Umsetzung: Die vorgeschlagene Placemat-Aktivität[1] richtet sich auf Gruppen von bis zu vier Personen. Es empfiehlt sich, das zum Download angebotene Blanko-Placemat-Feld im Format A3 einzusetzen. In der Aufgabenbeschreibung ist ein beispielhaft ausgefüllter Protokollbogen enthalten. Wir empfehlen, dieses Beispiel nicht mit auszugeben, sondern den Protokollbogen gemeinsam zu erarbeiten. Dabei ist zu entscheiden, in welcher Einheit die entsprechende Nutzungsmöglichkeit beobachtet werden soll (z. B. Anrufe: bloß Anzahl der Telefonate oder Gesprächsminuten?). Auch könnte es sinnvoll sein, Ladezeiten mitzuerfassen, um Angaben über den Stromverbrauch zu gewinnen. Wir empfehlen, die Beobachtung zunächst nur einen Tag lang zur Probe durchzuführen, um Unklarheiten bei der Protokollierung klären zu können. Die Protokollübung kann auch zu einem Konsumtagebuch ausgeweitet werden.

Bezüge zu Kompetenzbereichen: Die Aufgabe spricht technisches und informatisches Fachwissen an, wenn es um die Bedeutung des Mobiltelefons für einzelne Nutzerinnen und Nutzer und für die Berufs- und Arbeitswelt, auch unter einer zeithistorischen Perspektive, geht. In der Durchführung der Placemat-Aktivität sowie eines Zeitzeugen-Interviews entwickeln die Schülerinnen und Schüler Strategien zur Erkenntnisgewinnung und zur Bewertung. Durch die Reflexion eigener Nutzungsmuster in Bezug auf das Handy hinterfragen sie ihre eigenen Bedürfnisse und Wertvorstellungen und setzen diese in Bezug zur Lebensweise anderer Gruppen und Kulturen.

Vom Wissen zum Handeln: Aufbauend auf das Wissen um die energieintensive Nutzung eines Handys setzen die Schülerinnen und Schüler ihr eigenes Verhalten ins Verhältnis: Wie viel Energie wird durch meinen eigenen Handykonsum verbraucht? In der Diskussion im Klassenverband hinterfragen die Schülerinnen und Schüler ihr Nutzungsverhalten sowie ihre Bereitschaft, daran etwas zu verändern.

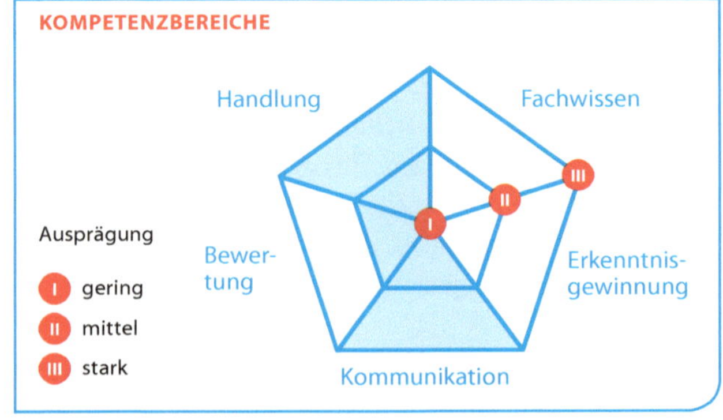

[1] Erläuterung: Eine Placemat (dt.: Platzdeckchen) ist eine Papiervorlage, die in der Mitte eines Tisches platziert wird. Sie besteht aus vier seitlichen Feldern und einem Feld in der Mitte. An jeder der vier Seiten sitzt ein Schüler bzw. eine Schülerin. In einem ersten Schritt arbeiten alle für sich an ihrer Seite der Placemat. In einem zweiten Schritt werden die Ergebnisse diskutiert und in der Mitte der Placemat zusammengefasst.

Zur Aufgabe 3:

Handys – nachhaltig genutzt!

Zur Konzeption der Aufgabe: Diese Aufgabe wendet die Energie- und Ressourcenproblematik konstruktiv in Richtung Nachhaltigkeit. Auf Grundlage der zuvor erarbeiteten Inhalte und der Leitlinien zum nachhaltigen Konsumieren (Beispiel 7) entwickeln die Schülerinnen und Schüler Ansatzpunkte für eine nachhaltigere Handynutzung und bewerten diese auf ihre Umsetzbarkeit hin. Der zweite Aufgabenteil regt eine handelnde Auseinandersetzung mit dem Thema an.

Methodisch-didaktische Umsetzung: In der Aufgabenbeschreibung ist eine beispielhaft ausgefüllte Tabelle enthalten. Wir empfehlen, dieses Beispiel nicht mit auszugeben, sondern die Tabelle gemeinsam zu erarbeiten. Dazu können Passagen des Sachteils (Seite 99 – 102) ausgegeben werden. Die Wahl der Aktionsformate sollte von der Ausstattung der Schülerinnen und Schüler mit Smartphones abhängig gemacht werden. Eine Vertiefungsmöglichkeit besteht in der Ausweitung auf das Thema „Werbung und Konsum". Geprüfte Materialien dazu finden sich unter www.verbraucherbildung.de/materialkompass.

Bezüge zu Kompetenzbereichen: Die Aufgabe stellt Bezüge zum geographischen Basiskonzept Mensch-Umwelt-Beziehungen in Räumen unterschiedlicher Art und Größe sowie zum biologischen Basiskonzept System her, da Strategien zur Handynutzung im Sinne einer nachhaltigen Entwicklung erarbeitet werden. Die Recherche und Diskussion rund um Handlungsalternativen sowie die Durchführung einer Kampagne sprechen die Kompetenzbereiche Erkenntnisgewinnung, Kommunikation und Bewertung an.

Vom Wissen zum Handeln: Die Schülerinnen und Schüler bedenken alternative Handlungsmöglichkeiten im Bereich der Handynutzung sowie deren persönlich wahrgenommene Umsetzbarkeit. Damit bewerten sie auch, wie wichtig es ihnen ist, zur Lösung des Problems beizutragen. In der Umsetzung einer Kampagne werden die Schülerinnen und Schüler gemeinsam mit anderen im Sinne einer nachhaltigen Entwicklung aktiv.

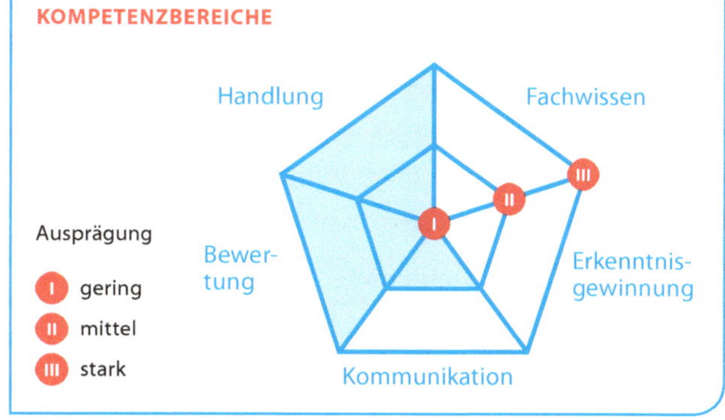

AUFGABE 1

HANDY-ENERGIEN AUF DER SPUR

A Lest den Text zum direkten Energieverbrauch eines Handys (Seite 109) und fasst in Stichpunkten zusammen, wodurch ein Handy Strom verbraucht. Versucht im Internet Informationen darüber zu finden, welche Handyanwendungen besonders viel Akkulaufzeit verbrauchen. Berechnet anschließend, wie viel Strom im Jahr euer Handy verbraucht und wie viel Geld allein das Laden in einem Jahr kostet.

B Lest anschließend den Text zum indirekten Energieverbrauch eines Handys (Seite 110) und schaut euch den Film „Wie funktioniert Mobilfunk?" (siehe Box rechts) an. Erläutert, welche weiteren Gerätschaften im Hintergrund betrieben werden müssen, damit wir mobil telefonieren können.

C Ihr habt die Aufgaben zuvor bearbeitet und kennt euch nun mit dem Energieverbrauch eines Handys aus. Fasst das, was ihr gelernt habt, auf einem Poster in Form eines Diagramms zusammen. Gebt eurem Poster zum Schluss einen passenden Titel.

Verweis 9

Wie funktioniert Mobilfunk?

Der animierte Film „Wie funktioniert Mobilfunk?" des Informationszentrums Mobilfunk (izmf) erläutert in knapp zwei Minuten wesentliche Aspekte der Mobilfunk-Infrastruktur mit den entsprechenden Fachbegriffen (z. B. „Basisstation", „Funkzelle"). Unter dem Weblink finden sich auch weiterführende Informationen zur Vertiefung.

www.izmf.de/de/content/wie-funktioniert-mobilfunk

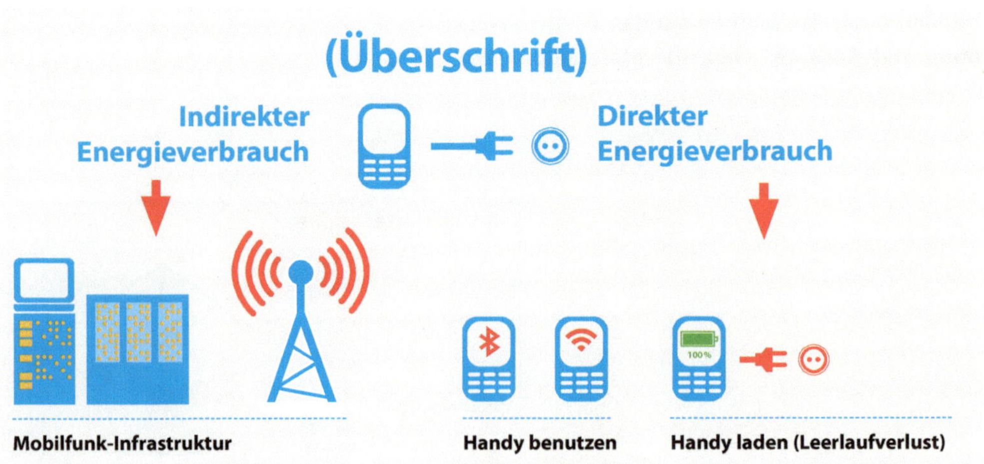

Beispiel einer ausgefüllten Postervorlage; steht als Vorlage 4 auf www.springer.com/978-3-662-44082-7 zum Download zur Verfügung

DIREKTER ENERGIEVERBRAUCH[12]

DETAILINFO 10

Energieverbrauch im Vergleich

Älteres Handy und neueres Smartphone:

Älteres Handy		Smartphone
1.000	Akkukapazität (in mAh)	1.400
3,4	Spannung (in V)	3,7
1x täglich	Ladehäufigkeit	1x täglich
1,3	Jahresverbrauch durch Laden (in kWh)	1,9

Quelle: Rice & Hay (2010), Angaben ohne Leerlaufverluste und Infrastruktur

Der direkte Energieverbrauch eines Handys geschieht durch die Nutzung und das Aufladen des Gerätes. Der Energieverbrauch ist abhängig davon, wie wir unser Handy nutzen:

- Benutzen wir das Handy nur gelegentlich oder häufig?
- Welche Funktionen unseres Handys nutzen wir in welchem Umfang?
- Wie laden wir unser Handy auf?

Der direkte Energieverbrauch eines Handys lässt sich daraus ableiten, wie häufig das Gerät aufgeladen werden muss. Hier zeigt sich, dass der Energieverbrauch eines Smartphones um fast 50 % höher ist als der älterer Handys (siehe Detailinfo 10 „Energieverbrauch im Vergleich").

Nicht eingerechnet in der Beispielrechnung sind die so genannten Leerlaufverluste. Diese entstehen dadurch, dass Handy-Ladegeräte auch dann noch Strom verbrauchen, wenn das zu ladende Handy bereits voll ist oder das Ladegerät gar nicht mehr mit dem Handy verbunden ist. Je

Verweis 7

„Lädst du noch oder verschwendest du schon?"

Neue, sparsame Netzteile verbrauchen im Vergleich zu alten Modellen nur ein Zehntel der Energie. Deswegen sollen Ladegeräte künftig durch ein Gütezeichen ähnlich dem EU-Label gekennzeichnet werden, das den Stand-by-Verbrauch anzeigt. Fünf Sterne bekommen Ladegeräte, die im Leerlaufbetrieb weniger als 0,03 Watt verbrauchen, keinen Stern bekommt ein Gerät, das mehr als 0,5 Watt verbraucht.

Quelle: RWE Energy (2009)

[12] Arbeitsblatt zum direkten und indirekten Energieverbrauch. Steht als Vorlage 5 auf www.springer.com/978-3-662-44082-7 zum Download zur Verfügung.

nachdem wie effizient das eingesetzte Ladegerät ist, können Leerlaufverluste bei einem Handy zum Teil beträchtliche zusätzliche Stromverbräuche verursachen (siehe Verweis „Lädst du noch oder verschwendest du schon?"). Allgemein geht laut dem Hersteller Nokia nur rund ein Drittel des gesamten Stromverbrauchs auf das eigentliche Laden und gehen rund zwei Drittel auf Leerlaufverluste zurück, so dass der Gesamtstromverbrauch eines Handys deutlich höher ausfällt als in der Detailinfo 10 „Energieverbrauch im Vergleich" angegeben.

Im Vergleich zu anderen elektronischen Geräten haben Handys eine eher geringe Bedeutung für den gesamten Stromverbrauch eines Haushalts. Zusammengenommen jedoch vereinten alle Informations- und Telekommunikationsgeräte wie Radio, Computer oder Fernseher im Jahr 2007 rund ein Viertel des gesamten Stromverbrauchs privater Haushalte auf sich. Auch die Verbreitung von Handys macht das Ausmaß des Verbrauchs deutlich: So werden allein für die in Deutschland genutzten Mobiltelefone Leerlaufverbräuche von insgesamt 500 Millionen kWh pro Jahr angenommen.

INDIREKTER ENERGIEVERBRAUCH

Der indirekte Energieverbrauch eines Handys ergibt sich aus dem Stromverbrauch der dahinterliegenden Infrastruktur. Was zu dieser Mobilfunk-Infrastruktur gehört, zeigt der Film „Wie funktioniert Mobilfunk?" des Informationszentrums Mobilfunk.

Wie hoch ist der indirekte Energieverbrauch eines Handys? Wenn der Energieverbrauch dieser gesamten Mobilfunk-Infrastruktur auf jedes einzelne Mobiltelefon umgelegt würde, so wäre im Jahr 2007 jedes Mobiltelefon für weitere 31,9 kWh Energieverbrauch verantwortlich gewesen. Betrachtet man den Energieverbrauch, der für die gesamte Infrastruktur für Mobilfunk, Festnetz und Internet benötigt wird, sieht man, dass ganze 3 % des Weltenergieverbrauchs allein darauf entfallen. Durch die Trends in der Handynutzung ist ein weiterer Anstieg des Energieverbrauchs für die mobile Kommunikation anzunehmen.

Verweis 9

Wie funktioniert Mobilfunk?

Der animierte Film „Wie funktioniert Mobilfunk?" des Informationszentrums Mobilfunk (izmf) erläutert in knapp zwei Minuten wesentliche Aspekte der Mobilfunk-Infrastruktur mit den entsprechenden Fachbegriffen (z. B. „Basisstation", „Funkzelle"). Unter dem Weblink finden sich auch weiterführende Informationen zur Vertiefung.

www.izmf.de/de/content/wie-funktioniert-mobilfunk

AUFGABE 2

DAS HANDY IN UNSEREM ALLTAG

A Tragt (jede/jeder für sich) in euer Placemat-Feld ein, wofür ihr euer Handy verwendet und welche Anwendungen ihr nutzt. Vermerkt dabei jeweils auch, wie häufig ihr die jeweiligen Handyfunktionen nutzt (häufig, gelegentlich oder selten).

B Stellt eure Ergebnisse der Reihe nach in eurer Gruppe vor und besprecht mögliche Rückfragen. Was versteht ihr unter „häufigem" oder „gelegentlichem" SMS-Schreiben? Ermittelt daraufhin das Gruppenergebnis: Wofür verwendet ihr euer Handy, welche Anwendungen nutzt ihr wie oft?

Beispiel Placemat-Feld[13]

C Nehmt nun eure Handynutzung genauer ins Visier: In Aufgabenteil B habt ihr bereits zusammengetragen, wofür ihr ein Handy benutzt. Entwickelt daraus nun in der Klasse einen Protokollbogen, mit dem ihr eure Handynutzung dokumentieren könnt. Tragt anschließend eine Woche lang in den Protokollbogen ein, wie ihr euer Handy benutzt.

[13] Steht als Vorlage 6 auf www.springer.com/978-3-662-44082-7 zum Download zur Verfügung.

PROTOKOLL ZUR HANDYBENUTZUNG

Name ……………………………………

Beobachtungszeitraum: vom ……………… **bis zum** ………………

Wofür wird das Handy benutzt?	Was wollen wir dokumentieren?	Beobachtungsangaben
SMS schreiben	- Wie viele SMS-Nachrichten wir verschicken	𝍸 𝍸 𝍸 𝍸 𝍸
Angerufen werden	- Wie viele Anrufe wir bekommen - Wie lange wir telefonieren bei eingehenden Anrufen (in Minuten)	𝍸 𝍸 𝍸 𝍸 𝍸 𝍸 |
Selbst anrufen	- Wie viele Anrufe wir machen - Wie lange wir telefonieren bei eigenen Anrufen (in Minuten)	𝍸 𝍸 || 𝍸 𝍸 𝍸
Im Internet surfen	- Wie lange wir im Internet surfen (in Minuten)	𝍸 𝍸 𝍸 𝍸 ||||
..	..	

Beispiel Protokollbogen

Zum Abschluss: Diskutiert eure Beobachtung anschließend in der Klasse. Mögliche Leitfragen könnten sein:

- Wo gibt es ähnliche Nutzungsmuster, wo gibt es Unterschiede?
- Lassen sich bestimmte „Typen" von Handynutzern in unserer Klasse erkennen?
- Überraschen euch die Ergebnisse? Wie bewertet ihr sie?

Weiterführende Projektidee: Zeitzeugen-Interview

Heute ist es für die meisten Menschen in Deutschland Normalität, ein Handy zu besitzen und zu nutzen. Dabei sind Handys recht neue, innovative elektronische Produkte, die sich erst in den letzten 15 bis 20 Jahren stark verbreitet haben. Wie wurde der Alltag vor dem Zeitalter der Handys organisiert? Wie verabredete man sich, wie tauschte man sich aus?

Ein Zeitzeugen-Interview kann Antworten auf diese Fragen liefern. Sucht euch Personen aus eurem Umfeld (z. B. Eltern, Onkel oder Tanten, Nachbarn, Bekannte), die in eurem Alter waren, als es noch keine Handys gab. Stellt diesen Personen in Interviews Fragen darüber, wie das Leben ohne Handy war, und findet heraus, wie sich junge Menschen damals beholfen haben.

PROTOKOLL ZUR HANDY BENUTZUNG [14]

Name ....

Beobachtungszeitraum: vom .... **bis zum** ....

Wofür wird das Handy benutzt?	Was wollen wir dokumentieren?	Beobachtungsangaben

[14] Steht als Vorlage 7 auf www.springer.com/978-3-662-44082-7 zum Download zur Verfügung.

AUFGABE 3

HANDYS – NACHHALTIG GENUTZT!

A Lest euch die Leitlinien nachhaltigen Konsumierens durch und arbeitet Ansatzpunkte heraus, wie sich Handys nachhaltiger nutzen lassen. Sammelt eure Ergebnisse in einer großen Tabelle.

Ansatzpunkt	Was kann man tun, damit es nachhaltiger wird?	Wie umsetzbar?
Laden	Ladegerät rausziehen, sobald das Handy fertig geladen ist	Ich finde das schwierig, weil man nicht weiß, wann das Handy fertig geladen ist
Stand-By	Handy vor dem Zubettgehen ausschalten	Problemlos machbar
Vertragsverlängerung	Altes Handy weiter benutzen, statt automatisch ein neues auszusuchen	Ich müsste mich informieren, was mein Anbieter mir stattdessen bietet (z.B. Frei-SMS, Gutschrift

Für wie praktikabel und umsetzbar haltet ihr die einzelnen Vorschläge? Bewertet die verschiedenen Ansatzpunkte, indem ihr jedem Ansatzpunkt einen farbigen Punkt gebt (Bedeutung: grün = gut umsetzbar; gelb = unter Umständen umsetzbar; rot = schlecht umsetzbar). Klebt den Punkt in die rechte Spalte der Tabelle und notiert eure Bemerkungen daneben.

B Nun nehmt ihr das Heft des Handelns selbst in die Hand! Wählt aus den beiden Aktionsideen eine aus, die ihr weiterentwickelt und umsetzt.

Aktionsidee 1: „Ich bin dann mal off!"

Wer wagt es?
Die nächsten fünf Tage eures Lebens werden anders sein. Euer Handy bleibt ausgeschaltet in der Schublade zuhause.

Bedenkt, wen ihr im Vorfeld informieren müsst, wie ihr stattdessen kommunizieren könntet, was ihr in der handylosen Zeit tun wollt.

Aktionsidee 2: „App sofort nachhaltig"

Für Smartphones gibt es inzwischen eine Reihe „grüner" Apps, die uns auf verschiedene Weise dabei helfen können, unseren Alltag nachhaltiger zu gestalten.

Verschafft euch einen Überblick über solche Angebote und testet daraufhin zwei Wochen lang, wie ihr euer Handy einsetzen könnt, um euer Leben nachhaltiger zu machen.
www.utopia.de/magazin/die-besten-gruenen-apps-kostenlos-fuer-iphone-und-android
http://reset.org/act/gruene-apps-—-nachhaltige-handy-programme-fuer-smartphones

Haltet fest, was euch während der Aktionszeit passiert und wie es euch ergeht. Beschreibt dabei auch, was diese Erfahrungen bei euch an Gedanken und Gefühlen auslösen. Bedenkt bereits bei der Planung der Aktion, wie ihr eure Aktion dokumentieren wollt (z. B. mit einem kurzen Video-Clip, einer Foto-Story oder Bild-Collage, einem Essay oder Comic, einer Webseite).

Weiterführende Projektidee: Kampagne zur nachhaltigen Handynutzung

Entwickelt aus den gefundenen Ansatzpunkten eine Kampagne, mit der ihr eure Mitschülerinnen und Mitschüler zu einer nachhaltigen Handynutzung motiviert. Ihr könntet Aktionen machen (z. B. einen Stand in der Pausenhalle) und Materialien entwickeln (z. B. Flyer, Filmclip, Aufkleber), um auf das Thema aufmerksam zu machen. Ratsam ist es, schon frühzeitig Probleme mit zu bedenken: Wie lassen sich z. B. mögliche Einwände und Bedenken eurer Mitschülerinnen und Mitschülern bereits im Vorfeld ausräumen?

Weiterführende Projektidee: Herstellen und Ausstellen

Es gibt regelmäßig Wettbewerbe zu Fragen der Nachhaltigkeit, an denen ihr euch mit einem Beitrag beteiligen und tolle Preise gewinnen könnt.

Finden könnt ihr solche Wettbewerbe über eine Internet-Suche. Einen Überblick bietet auch eine Zusammenstellung im Portal „Bildung für nachhaltige Entwicklung“ unter www.bne-portal.de/index.php?

V Modul III – Recycling und Wiederverwertung

In den vergangenen Modulen wurde dargestellt, dass die Entstehung, der Kauf und die Nutzung eines Handys mit dem Verbrauch von Natur verbunden sind, der mehr oder weniger schwer im ökologischen Rucksack eines Handys wiegt.

Was aber passiert mit einem Handy, wenn es ausgedient hat? Die meisten Handys bleiben in den Schubladen liegen, einige werden in der Familie und an Freunde weitergegeben oder verkauft. Wenn sie gar nicht mehr nutzbar sind, werden ausrangierte Handys oftmals weggeschmissen, anstatt sie zu recyceln und in den Wertstoffkreislauf zurückzuführen. Dabei sind in den Handys wertvolle Metalle verarbeitet, die in einem Recyclingverfahren zumindest zum Teil zurückgewonnen und in der Industrie als so genannte Sekundärrohstoffe neu eingesetzt werden könnten. Indem man diese aus dem Recycling gewonnenen Sekundärrohstoffe nutzt, braucht man sie nicht neu aus der Natur zu gewinnen – der ökologische Rucksack eines Handys ließe sich also auf diese Weise weiter verkleinern. Welche Strategien, Konzepte und Ideen es zur Rückführung der Handys in einen Recyclingprozess oder zur Wiederverwendung gibt und wie man sich daran beteiligen kann, darüber gibt dieses Modul Auskunft.

Das Handy als Schubladen-Schatz

Ein Handy ist oft nur sehr kurz in Gebrauch. Im Schnitt benutzen wir ein Handy gerade einmal 18 Monate, bevor wir es durch ein neues ersetzen. In Deutschland werden so Jahr für Jahr mehr als 35 Millionen neue Handys gekauft. Was aber passiert mit den alten Handys? Zu einem großen Teil verschwinden diese ganz einfach in der Schublade (siehe Detailinfo 13). Inzwischen lagern rund 86 Millionen Althandys ungenutzt in deutschen Haushalten (BITKOM 2012). Da die Bestandteile eines normalen Handys zu 65 – 80 % recycelt werden könn(t)en, schlummert so ein nicht unerheblicher Rohstoffschatz in deutschen Schubladen. Der Materialwert dieser aussortierten Handys wird vom Umweltbundesamt auf 65 – 83 Millionen Euro geschätzt (Kammholz 2011, Hagelüken 2009, Reller et al. 2009). Die Rückgabequoten von

DETAILINFO 13

86 Millionen Handys lagern in der Schublade

Was machen Verbraucherinnen und Verbraucher mit ihrem alten Handy?

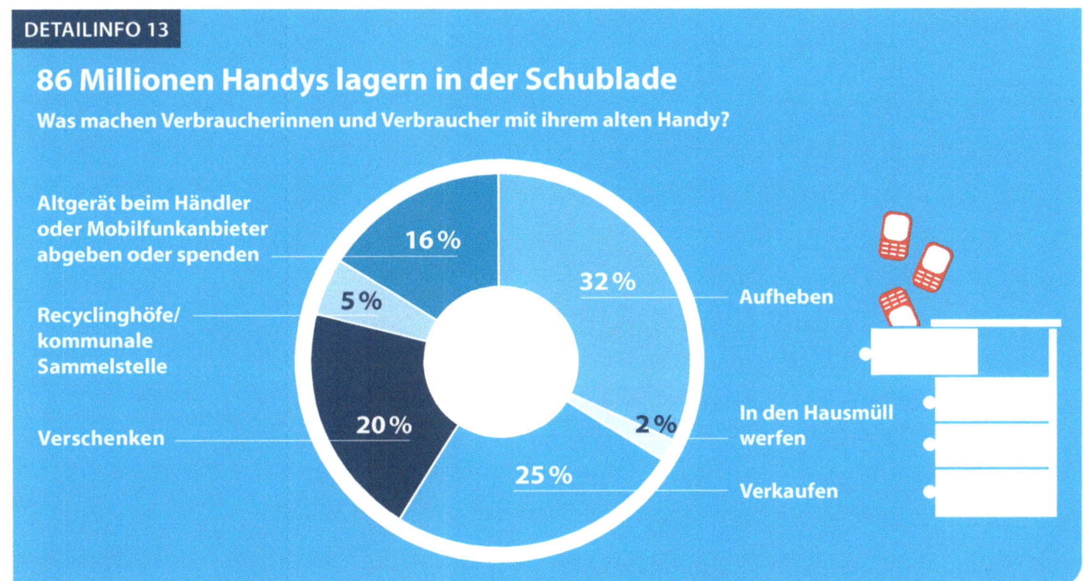

Quelle: nach BITKOM 2012

Handys sind trotzdem nur gering. Offensichtlich scheinen wir die Bedeutung des Handys als „Rohstoffquelle" und der Städte als Rohstoffmine – zum „Urban Mining"[15] – bisher zu unterschätzen.

Unmengen von Rohstoffen werden für die Produktion der Handys benötigt und bewegt (siehe Modul I). Kein Wunder also, dass sich Engpässe in der Rohstoffversorgung zeigen und dass einige wichtige Metalle so langsam knapp werden. Dem entgegenwirken könnten höhere Recyclingquoten, denn durch Recycling können viele Rohstoffe in den Wertstoffkreislauf zurückgeführt werden.

15 Mit dem Begriff des Urban Mining wird eine neue Perspektive beschrieben, in der jede dicht besiedelte Stadt in einem industrialisierten Land als riesige Rohstoffmine aufgefasst wird. Eher unbeabsichtigt haben die in den Städten lebenden Menschen hier Rohstofflager angelegt, die erschlossen und durch Recycling zurückgewonnen werden können.

Verweis 10

Handy-Recycling: unsichtbare Schätze im Mobiltelefon

Der Kurzfilm wurde vom Informationszentrum Mobilfunk (IZMF) in Zusammenarbeit mit dem Wuppertal Institut entwickelt. Hier wird in knapp 3 Minuten der gesamte Lebenszyklus eines Handys in den Blick genommen, von der Rohstoffgewinnung über die Produktion und Nutzung eines Handys bis hin zum Recycling.

Den Film und weitere Infos gibt es auf der Seite des IZMF:
www.izmf.de/de/content/handyrecycling-schont-die-ressourcen-und-nutzt-der-umwelt-0

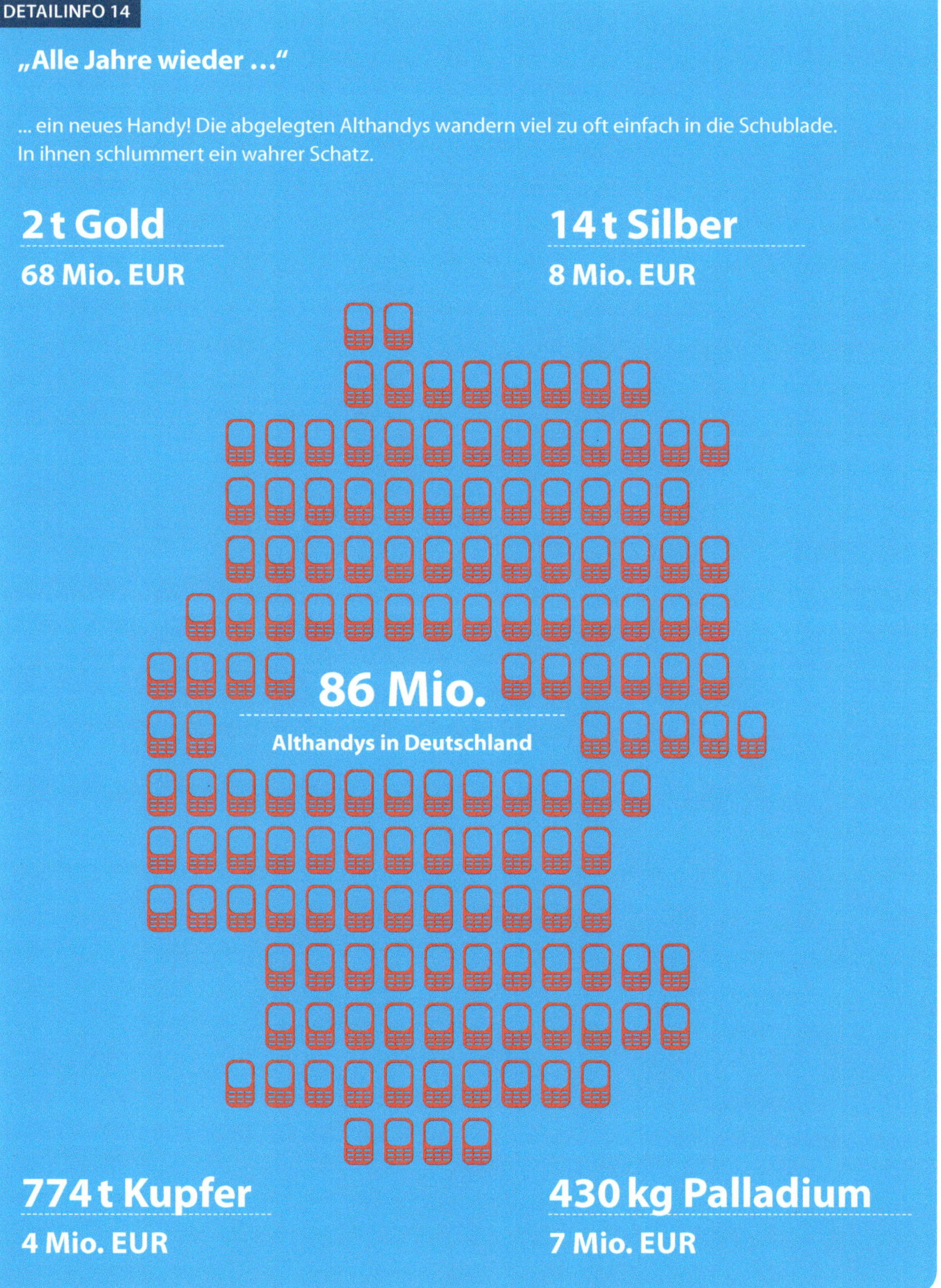

Quelle: nach Hagelüken 2009 und Reller et al. 2009, Grundlage für eigene Hochrechnung

Den Rohstoff-Schatz heben – aber wie?

Von alten, nicht mehr genutzten Handys können wir uns auf unterschiedlichen Wegen trennen. Neben dem fachgerechten Recycling in spezialisierten Anlagen können ausrangierte Handys auch von neuen Besitzerinnen und Besitzern als Gebrauchtgerät weiterverwendet werden (englisch: Reuse, siehe Beispiel 8). Es mangelt auf jeden Fall nicht an Programmen, Konzepten und Ideen, um den Schatz in den Schubladen zu heben:

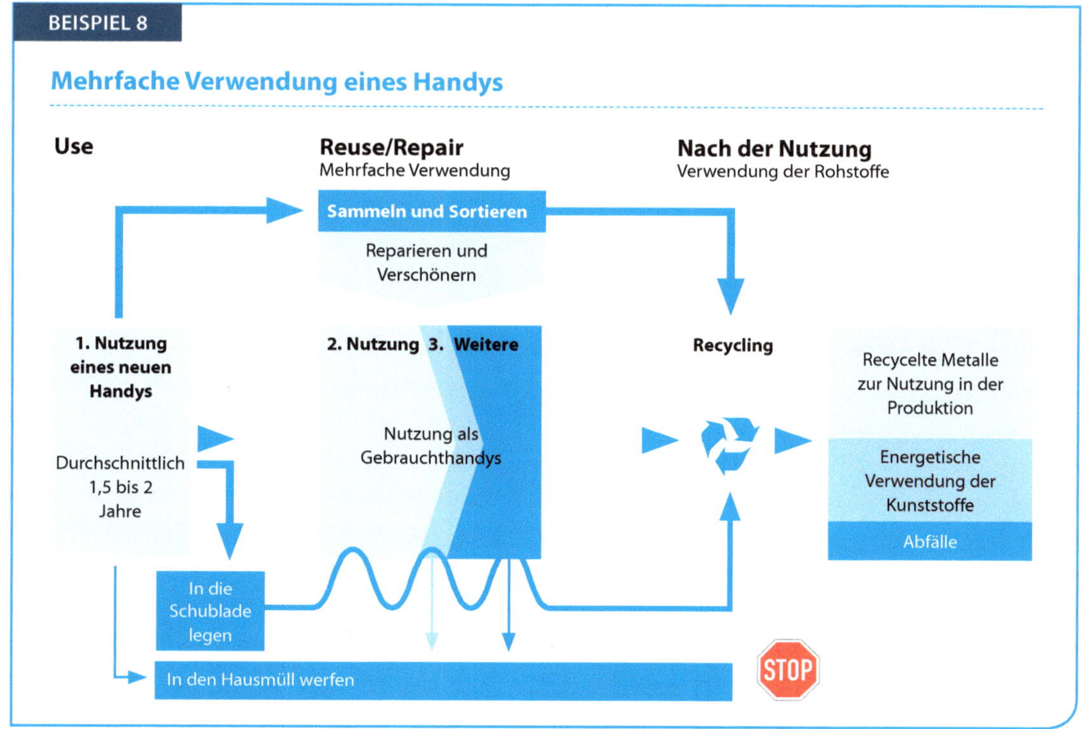

Quelle: Wuppertal Institut 2012, basierend auf BITKOM 2011, Laga 2009, Hellige 2009

Reuse

Leider gelten gebrauchte Geräte häufig als „schmuddelig" oder „uncool". Es gibt aber viele Initiativen und Einrichtungen, in denen Gebrauchtgeräte professionell und fachgerecht wiederaufbereitet, wo nötig kosmetisch repariert (Refurbishing, Remanufacturing) und auf dem Reuse-Markt weiter verkauft werden, u. a.:

www.dr-handy.de
www.wirkaufens.de
www.zonzoo.de
www.handy-bestkauf.de
www.mobile2cash.de

Damit wird die Umwelt entlastet und werden Arbeits- und Ausbildungsplätze vor Ort unterstützt.

Recyclinghöfe

Eine bereits etablierte Variante ist es, alte Mobiltelefone kostenlos in den Recyclinghöfen abzugeben. Von dort gehen die Geräte an die Hersteller oder Recyclingunternehmen, die für eine umweltgerechte Entsorgung oder Wiederaufbereitung sorgen.

Rücknahmesysteme der Mobilfunkanbieter

In den vergangenen Jahren haben alle großen Mobilfunkbetreiber Rücknahmesysteme für Handys aufgebaut. Per Post und in den Geschäften nehmen die Betreiber die Altgeräte entgegen. Dazu können portofreie Versandumschläge im Internet angefordert oder im Handyshop abgeholt werden.

MÖGLICHKEITEN IN DER ZUKUNFT

Handypfand

Eine weitere Idee in der aktuellen Diskussion ist das Handypfand. Als Maßnahme soll bei Handyneukäufen ein Pfand von 10 EUR auf den Kaufpreis aufgeschlagen werden, das bei Rückgabe des Handys wieder ausgezahlt wird.

Handytonne

Eine neue Idee ist es, Handytonnen aufzustellen. Ähnlich wie in den vorhandenen Boxen für Batterien könnten wir hier unkompliziert unsere Handys hineinwerfen. Es wird die Hoffnung daran geknüpft, mit dieser umfassenderen Rücknahmepflicht für Händler die Handy-Sammelquote zu erhöhen.

17

DETAILINFO 15

So wird's gemacht: Daten auf dem Handy löschen

Wenn wir unser altes Handy weitergeben, wollen wir unsere persönlichen Daten – SMS, Kontakte, Fotos, E-Mails etc. – möglichst gründlich von unserem Handy gelöscht wissen, um zu verhindern, dass all das einem Dritten in die Hände fällt. Um dies zu erreichen, kann man das alte Handy auf die „Werkseinstellungen" zurücksetzen und – je nach Handy – einen so genannten Servicecode eingeben. Der Servicecode ist meist entweder im Benutzerhandbuch oder aber auf der Website des Herstellers zu finden. In jedem Fall sollten die SIM-Karte(n) und die Speicherkarte(n) entfernt werden. Diese Maßnahme(n) sollten getroffen werden, bevor wir das Handy in eine der Sammelboxen bei z.B. einem Mobilfunkanbieter einwerfen.

Ist das abgegebene Handy noch gut in Schuss und lässt es sich als Gebrauchtgerät weiterverwenden, so werden Fachunternehmen, die auf die Datenlöschung von Handys spezialisiert sind, damit beauftragt evtl. noch vorhandene Daten auf dem Gerät professionell zu löschen. Dies geschieht entweder durch das Aufspielen einer neuen Firmware – also eines neuen Betriebssystems – oder einer speziellen Löschsoftware. Sich noch auf dem Handy befindende Daten werden so vollständig überschrieben bzw. restlos gelöscht.

Handyrecycling – so funktioniert's!

Das aus dem Englischen stammende Wort Recycling ist inzwischen ein allgemein gebräuchlicher Begriff geworden. Wir recyceln, wenn wir Altpapier oder Glas zum Container bringen oder den Gelben Sack vor die Tür stellen. Genau genommen meint Recycling „die Rückführung eines Abfallstoffs in den Produktionsprozess" (DERA 2011: 23). Wie aber muss man sich das vorstellen? Was passiert mit unserem Handy, nachdem wir es z. B. bei unserem Mobilfunkanbieter abgegeben haben?

Zunächst wird geprüft, in welchem Maße das Handy als Gebrauchtgerät noch nutzbar und seine Komponenten noch verwendbar sind. Erst wenn es sich gar nicht mehr zur Wiederverwertung eignet, wird das Gerät dem Recyclingprozess zugeführt. Ziel des Handyrecyclings ist es, möglichst viele Metalle zurückzugewinnen und gleichzeitig toxische Substanzen unschädlich zu machen (z. B. durch Filtern). Leider ist es bisher nicht noch nicht möglich, alle ca. 60 in einem Handy enthaltenen Stoffe durch Recycling zurückzugewinnen. Mit dem Verfahren der so genannten integrierten Schmelze[16] (Hagelüken 2011) können jedoch immerhin 17 Metalle wiedergewonnen werden. Diese Stoffe werden dann – im Gegensatz zu den ursprünglich in der (Primär-)Produktion verwendeten Rohstoffen – Sekundärrohstoffe genannt.

Beim Handyrecycling ist zu unterscheiden zwischen dem Recycling des Akkus einerseits und dem Recycling des restlichen Handys andererseits.

Der Wiederverwertungsprozess startet, indem zunächst die Akkus aus den Handys entnommen werden. Ohne weitere Aufbereitung kommen die Handys dann in den Schmelzer (siehe Beispiel 9, Seite 130). Dies muss man sich ähnlich wie beim Bleigießen an Silvester vorstellen. Die Handys werden im Schmelzer so hoch erhitzt, dass sie sich verflüssigen (Hagelüken 2011, Singhal 2005). Die Masse, die beim Einschmelzen entsteht, wird „Kupferphase" genannt, in dieser sind alle Metalle enthalten. Durch Elektrolyse des Kupfers werden dann in einem nächsten Schritt die enthaltenen Edelmetalle – Gold, Silber, Platin, Palladium – extrahiert. Weitere spezifische Prozesse folgen (siehe Seite 130f.), bis am Ende die einzelnen Metalle in hochreiner Form vorliegen.

[16] Es existieren verschiedene Typen von Schmelzern, die unterschiedliche Metalle zurückgewinnen können. In integrierten Kupfer-Schmelzern werden vor allem Metalle wie Kupfer, Blei, Nickel, Zinn und Edelmetalle – Gold, Silber und Palladium – zurückgewonnen (Buchert et al. 2012, Hagelüken 2011). Aluminium oder Eisen können in diesem Schmelzverfahren nicht gewonnen werden. Dies ist hingegen in Aluminium-Schmelzern möglich.

© Kai Loeffelbein/la

Wohin mit dem Elektroschrott?

Ausgediente Handys können als Elektroschrott verschiedene Wege einschlagen: Allein 2008 wurden zwischen 93.000 t und 216.000 t Elektro(nik)-Alt- und -Gebrauchtgeräte aus Deutschland in Richtung der Entwicklungsländer Südost-Asiens und Afrikas exportiert. Dabei ist unklar, wie groß der Anteil nicht mehr funktionsfähiger Geräte war und der Export damit illegal (Sander et al. 2010, Nordbrand 2009, Brigden et al. 2008). Häufig wird Schrott nämlich falsch als Secondhandware noch funktionsfähiger Geräte deklariert und so außer Landes geschafft (vgl. Nordbrand 2009, Sander et al. 2010). Wertvolle Ressourcen gehen uns hierbei verloren: Nach Angaben des Umweltbundesamtes verschwinden durch das illegale Ausführen von Elektroschrott aus Deutschland jährlich rund 1,6 t Silber, 300 kg Gold und 120 kg Palladium (Ahrens 2012).

Aber dies ist nicht das einzige Problem im Zusammenhang mit den illegalen Elektroschrottexporten: In den Empfängerstaaten treffen die Altgeräte auf abfallwirtschaftliche Strukturen, die weit unter dem EU-Standard liegen und die Gesundheit von Mensch und Umwelt gefährden. Die Wiederaufbereitung des Elektroschrotts in den Entwicklungs- und Schwellenländern geschieht zumeist mit einfachsten Mitteln in Klein- und Familienunternehmen, in denen auch Kinder mitarbeiten (Brigden et al. 2008). Verbreitete Methoden sind das Verbrennen von Elektroschrott unter freiem Himmel zur Gewinnung von Kupfer, das Schmelzen von Lötmetallen über Kohlegrills und das Herauslösen von Metallen mittels Säurebädern (Leung et al. 2008, Huo et al. 2007, Manhart 2007, Brigden et al. 2008, Schluep et al. 2009). Dabei werden zahlreiche gefährliche Schadstoffe freigesetzt, die die Gesundheit der mit dem Recycling befassten Personen, ihrer Familien und der Menschen in der Umgebung der Werkstätten stark belasten. Restmaterialien werden oft auf wilden Deponien entsorgt, was gravierende Kontaminationen des Bodens und Grundwassers durch Schwermetalle und organische Schadstoffe (Dioxine) zur Folge hat (vgl. Manhart 2007).

Nationale und internationale Regelwerke und Gesetze versuchen hier gegenzusteuern, leider bisher nur mit geringem Erfolg. Hoffnung verspricht die im Jahr 2012 durch die EU erneuerte **WEEE-Richtlinie** (Waste Electrical and Electronic Equipment Directive). Sie besagt, dass Hersteller von Elektro- und Elektronikgeräten im Rahmen ihrer Produktverantwortung Altgeräte zurücknehmen und ordnungsgemäß entsorgen bzw. verwerten müssen – was zukünftig auch besser kontrolliert werden wird. Die Richtlinie gilt für nahezu alle elektrischen und elektronischen Geräte: Fernseher, Waschmaschinen, Kühlschränke, Computer, Toaster, Bohrmaschinen, Staubsauger – und Handys. Selbst Energiesparlampen und Taschenrechner mit Solarzellen müssen künftig recycelt werden. Künftig sollen in der EU (bis 2016) mindestens 85 % des gesamten Elektroschrotts eingesammelt werden. Durch diese Vorgaben sollen Hersteller der Geräte gezwungen werden, den gesamten Lebenszyklus ihrer Produkte in ihren Verantwortungsbereich zu integrieren.

BEISPIEL 9

Stoffströme beim integrierten Hüttenprozess

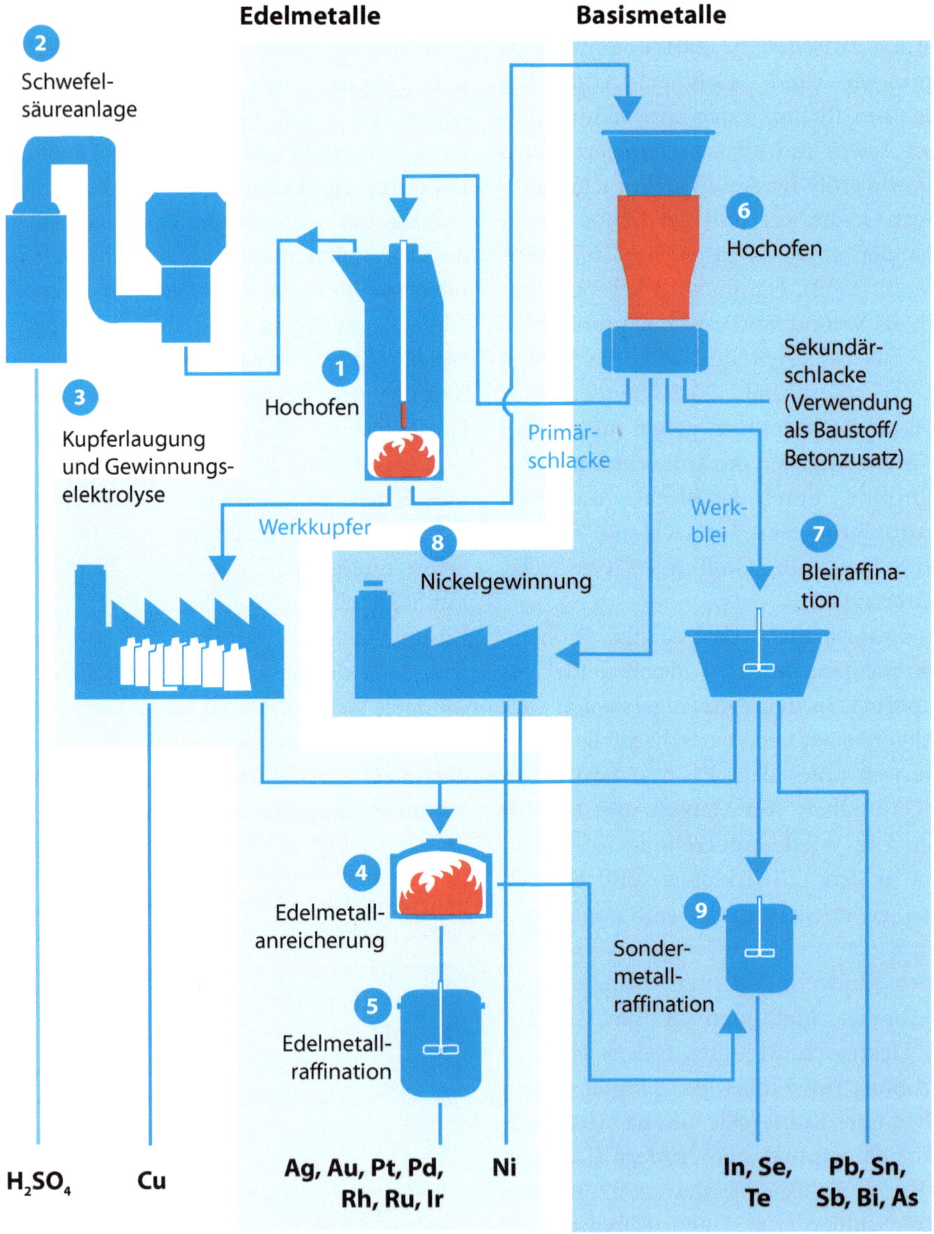

Edelmetalle

Basismetalle

2 Schwefelsäureanlage

1 Hochofen

6 Hochofen

3 Kupferlaugung und Gewinnungselektrolyse

Primärschlacke

Sekundärschlacke (Verwendung als Baustoff/Betonzusatz)

Werkkupfer

8 Nickelgewinnung

Werkblei

7 Bleiraffination

4 Edelmetallanreicherung

5 Edelmetallraffination

9 Sondermetallraffination

H_2SO_4 Cu Ag, Au, Pt, Pd, Rh, Ru, Ir Ni In, Se, Te Pb, Sn, Sb, Bi, As

Quelle: nach Hagelüken 2011

Legende „Integrierter Hüttenprozess – das Umicore-Verfahren":

Ag – Silber	Pt – Platin	Rh – Rhodium	Ir – Iridium	Se – Selen	Pb – Blei	As – Arsen	Sb – Antimon
Au – Gold	Pd – Palladium	Ru – Ruthenium	In – Indium	Te – Tellur	Sn – Zinn	Ni – Nickel	Bi – Bismut

BEISPIEL 9

Die in Handys enthaltenen Metalle können in einem metallurgischem Verfahren zurückgewonnen werden. Der Recyclingspezialist Umicore betreibt dazu eine integrierte Metallhütte. Handys werden hier zunächst geschreddert und auf ihre Zusammensetzung analysiert. Danach werden sie mit anderen Materialien (z.B. Autokatalysatoren oder Computer-Leiterplatten) vermischt und im Hochofen bei über 1200°C geschmolzen ①. Der Kunststoff, der hier verbrennt, liefert Energie und wird auch als chemisches Reduktionsmittel genutzt (z.B. CuO zu Cu reduziert). Die entstehenden Abgase werden gereinigt. Der in Einsatzmaterialien enthaltene Schwefel wird in Schwefelsäure (H_2SO_4) umgewandelt und abgetrennt ②. Im Schmelzprozess werden Kupfer, Edelmetalle und Sondermetalle abgetrennt, in dem diese als metallische Legierung („Werkkupfer") am Boden des Hochofens abgestochen werden ①. Andere Bestandteile wie Glas, Keramik und die Oxide von Eisen, Aluminium, Blei und Zinn schwimmen als leichtere Schlacke oben. In einem weiteren Hochofen (6) wird diese abgestochene „Primärschlacke" geschmolzen, wobei u.a. Blei und Zinn abgetrennt und Sondermetalle (Indium, Selen, Tellur) zurückgewonnen werden. Weitere spezifische pyro- und hydrometallurgische Prozesse[17] folgen, bis die Elemente in hochreiner Form extrahiert werden können ⑦ – ⑨ (dunkelblau unterlegte Prozesse). Das aus dem ersten Hochofen abgetrennte edelmetallhaltige Werkkupfer wird im Wasserbad granuliert. In der Kupferlaugung wird das mit Schwefelsäure aufgelöste Kupfer durch eine Gewinnungselektrolyse als hochreines „Kathodenkupfer" in Platten abgeschieden ③. Die Edelmetalle und einige Sondermetalle verbleiben als unlöslicher Rückstand, der über eine Filterpresse separiert wird. Dieses Edelmetallkonzentrat wird von Verunreinigungen gesäubert ④ und dann hydrometallurgisch zu hochreinen Edelmetallen weiterverarbeitet ⑤ (hellblau unterlegte Prozesse).

Die so gewonnenen Metalle werden von der Industrie wieder für die Herstellung von z.B. neuen Handys verwendet. Aus über 300.000 t Einsatzmaterialien gewinnt Umicore jährlich über 70.000 t Metalle zurück, im Jahr 2007 waren dies z.B. rund 1.000 t Silber, 30 t Gold, 37 t Platingruppenmetalle, 65.000 t Kupfer, Blei und Nickel sowie 3.500 t weitere Metalle (Zinn, Selen, Tellur, Indium, Antimon, Wismut, Arsen) (Hagelüken 2011). Elektronikfraktionen wie Leiterplatten sind dabei eine wichtige Materialart. Handys passen technisch gut in diese Recyclingverfahren, spielen bisher wegen der geringen Sammelquoten aber leider noch eine untergeordnete Rolle bei den Eingangsmengen.

Der Recyclingprozess für die Handy-Akkus verläuft ähnlich. Diese werden separat in einer speziell von Umicore entwickelten Anlage gemeinsam mit Laptop-Akkus oder Autobatterien recycelt. Auch die Akkus werden zunächst eingeschmolzen. Ergebnis des Schmelzprozesses ist eine kobalt-/nickel-/kupferreiche Legierung und eine Schlacke. Die Legierung wird dann in einer so genannten Refininganlage weiterverarbeitet: Kupfer, Eisen und Mangan werden abgetrennt. Es bleiben reine Nickel- und Kobaltsalze übrig, die dann in Batteriechemikalien wie Lithium-Kobalt-Dioxid ($LiCoO_2$) und Nickelhydroxid ($Ni(OH)_2$) umgewandelt werden. Diese Kathodenmaterialien können erneut für die Produktion von Batterien eingesetzt werden

17 Pyrometallurgische Verfahren gewinnen Metalle bei hohen Temperaturen durch den Einsatz von Schmelzaggregaten zurück. Bei hydrometallurgischen Verfahren führen nasschemische Lösungs- und Fällungsschritte bei niedrigen Temperaturen zur Metallrückgewinnung (Friedrich 2009).

(Umicore 2012). Die beim Schmelzprozess anfallende Schlacke kann als Baustoff eingesetzt werden. Der Recyclingprozess eignet sich auch für Nickelmetallhydrid (NiMH) Akkus, wie sie z.B. in Hybrid-Elektrofahrzeugen zum Einsatz kommen. Diese enthalten einige Elemente der Seltenen Erden (SE) und werden in separaten Kampagnen verarbeitet. Dabei lassen sich die SE in der Schlacke anreichern und für ein weiteres Recycling abtrennen.

Zum Schluss: Haben wir uns zum Kauf eines neuen Handys entschieden, sollten wir das alte Handy nicht einfach zur Seite in eine Schublade legen, sondern dies – falls es noch funktionstüchtig ist – zur weiteren Nutzung an Freunde oder in der Familie weiterreichen oder aber das Handy – wenn es defekt ist – dem Wertstoffkreislauf zuführen. Schließlich hat es jeder selbst in der Hand, durch einen bewussten Umgang mit seinem Handy wertvolle Ressourcen nicht zu verschwenden und die Umwelt zu schonen.

Im Verhältnis zu den anderen Phasen des Lebenszyklus eines Handys werden in der Phase der Entsorgung am wenigsten Ressourcen aufgewendet. Der Anteil der Entsorgungsphase am ökologischen Rucksack (Schmidt-Bleek 2000; siehe ausführlicher Seite 51ff.) des Handys fällt deshalb entsprechend gering ins Gewicht. Es sind gerade einmal 0,1 kg.

Kurz notiert:
Vorteile des Handy-Recyclings

- Verringerung des Einsatzes primärer Rohstoffe und – damit verbunden, zumindest aus deutscher Sicht – die Verminderung der Importabhängigkeit und Schonung natürlicher Ressourcen
- Verringerung des Energiebedarfs im Vergleich zur Primärproduktion, da für das Recycling der Rohstoffe weniger Energie aufgewendet werden muss als für den Abbau und Transport des Ausgangsmaterials
- Entsprechend geringer sind auch die beim Recycling emittierten Treibhausgase im Vergleich zur Primärproduktion
- Verringerung der zu deponierenden Reststoffmengen (DERA 2011)

Quelle: Wuppertal Institut

[18] Mischungen aus zwei oder mehreren Metallen, zum Beispiel Bronze aus Kupfer und Zinn. Durch Legierungen lassen sich Werkstoffe mit bestimmten Eigenschaften herstellen (Uni Hamburg, o.J.)

Literatur zu Teil V

Ahrens, R. (2012): EU schützt mit Elektroschrottrecycling ihr heimisches Wertstoffpotenzial. VDI nachrichten, Ausgabe 3.2.2012.

BITKOM – Bundesverband Informationswirtschaft, Telekommunikation und neue Medien e.V. (2012): Fast 86 Millionen Alt-Handys zu Hause. BITKOMPresseinfo, verfügbar unter http://www.bitkom.org/de/presse/74532_74350.aspx.

Brigden, K., Labunska, I., Santillo, D., & Johnston, P. (2008): Chemical contamination at e-waste recycling and disposal sites in Accra and Korforidua, Ghana. Greenpeace Research Laboratories Technical Note, 10/2008. Greenpeace International, Amsterdam.

DERA – Deutsche Rohstoffagentur (2011): Deutschland Rohstoffsituation 2010. DERA Rohstoffinformationen, Hannover.

Friedrich, B. (2009): Rückgewinnung der Wertstoffe aus zukünftigen Li-Ion-basierten Automobil-Batterien, In: Science Allemagne – Umweltschonende Technologien für den Automobilantrieb von morgen, 12/2009, S.24-26, Verfügbar unter: http://www.metallurgie.rwth-aachen.de/data/publications/artikel_id_4985.pdf

Hagelüken, C. (2009): Edelmetalle auf dem Weg ins Nirwana. Umweltmagazin, 06/2009, 16 – 17.

Hagelüken, M. (2011): Recycling von Mobiltelefonen, Präsentation beim Fachgespräch „Fachgerechtes Recycling von Telekommunikationsgeräten", 11. Mai 2011, Berlin.

Hellige, D. (2009): Die informationstechnische Wachstumsspirale: Genese, skalenökonomische Mengeneffekte und die Chancen für einen nachhaltigen IT-Konsum. In: Weller, I. (Hrsg.) (2009): Systems of Provision & Industrial Ecology: Neue Perspektiven für die Forschung zu nachhaltigem Konsum. Artec-Paper, Nr. 162, Universität Bremen, 135 – 195.

Huo, X., Peng, L., Xu, X., Zheng, L., Qiu, B., Qi, Z., Zhang, B., Han, D., & Piao, Z. (2007): Elevated Blood Lead Levels of Children in Guiyu, an Electronic Waste Recycling Town in China. Environmental Health Perspectives, 115 (7), 1113 –1117.

Kammholz, K. (2011): Umweltbundesamt greift Handy-Industrie an. Hamburger Abendblatt, Ausgabe 10.03.2011.

LAGA-Bund-Länder-Arbeitsgemeinschaft Abfall (2009): Anforderungen zur Entsorgung von Elektro- und Elektronik-Altgeräten. Mitteilung 31.

LANUV NRW – Landesamt für Natur, Umwelt und Verbraucherschutz Nordrhein-Westfalen (Hrsg., 2012): Recycling kritischer Rohstoffe aus Elektronik-Altgeräten. LANUV-Fachbericht 38, Recklinghausen.

Leung, A. O., Duzgoren-Aydin, N. S., Cheung, K. C. & Wong, M. H. (2008): Heavy metals concentrations of surface dust from e-waste recycling and its human health implications in southeast China. Environmental Science and Technology, 42 (7), 2674 – 2680.

Manhart, A. (2007): Key Social Impacts of Electronics Production and WEEE-Recycling in China. Freiburg: Öko-Instituts e.V.

Nordbrand, S. (2009): Out of Control: E-waste trade flows from the EU to developing countries. Hrsg.: SwedWatch im Rahmen des „make IT fair" Projekts. Verfügbar unter http://makeitfair.org/de/die-fakten/studien.

Reller, A., Bublies, T., Staudinger, T., Oswald, I., Meißner, S., & Allen, M. (2009): The Mobile Phone: Powerful Communicator and Potential Metal Dissipator. In: GAIA, 18 (2): 127 – 135.

Schluep, M. Hagelüken, C., Kuehr, R., Magalini, F., Maurer, C., Meskers, C., Mueller, E., & Wang, F. (2009): Recycling – From E-Waste to Resources. Sustainable Innovation and Technology Transfer Industrial Sector Studies. UNEP/StEP: Berlin.

Schmidt-Bleek, F. (2000): Das MIPS-Konzept: Weniger Naturverbrauch - mehr Lebensqualität durch Faktor 10. München: Droemersche Verlagsanstalt Th. Knaur Nachf.

Umicore (2012): Battery recycling. Closed loop solution for batteries. Verfügbar unter http://www.batteryrecycling.umicore.com/UBR/process/.

Universität Hamburg (o.J.): Definition Legierung. Verfügbar unter http://www.sign-lang.uni-hamburg.de/tlex/lemmata/l4/l405.htm

Modul III – Aufgabenteil

Hinweise für Lehrerinnen und Lehrer

Zur Aufgabe 1:

Ist das Gold oder kann das Weg?

Zur Konzeption der Aufgabe: Diese Aufgabe ist in ihrer Schwierigkeit für die Schülerinnen und Schüler gestaffelt aufgebaut: Unteraufgabe a) zielt zunächst darauf ab, den Begriff des Urban Mining und hierfür relevante Zusammenhänge strukturiert wiedergeben zu können. In Unteraufgabe b) sollen die Schülerinnen und Schüler eigene Gedanken dazu entwickeln, wie Handys dem Wiederverwertungskreislauf zugeführt werden können. Sie sollen hierbei verschiedene Standpunkte anführen und begründen. In Unteraufgabe c) sollen die Schülerinnen und Schüler sich schließlich selbstständig mit der hier formulierten Problemstellung, der Methode der Recherche und den gewonnenen Erkenntnissen auseinandersetzen.

Methodisch-didaktische Umsetzung: Der für die Aufgabenteile a) und b) grundlegende Audiobeitrag ist in der Box auf Seite 139 verlinkt. Damit auch alle Schülerinnen und Schüler in Ihrer Klasse dem Beitrag gut folgen können, sollte dieser dann über Lautsprecher abgespielt werden. Es ist zu empfehlen, den Schülerinnen und Schülern für die Unteraufgaben a) und b) Hinweise zur Ergebnissicherung und -präsentation zu geben. Die Unteraufgaben b) und c) sind als Partnerarbeit konzipiert.

Bezüge zu Kompetenzbereichen: Die Aufgabe stellt Bezüge zum geographischen Basiskonzept Mensch-Umwelt-Beziehungen in Räumen unterschiedlicher Art und Größe sowie zum chemischen Basiskonzept Chemische Reaktion her, wenn Stoffströme der Handywiederverwertung oder die Nutzung und der Schutz von Räumen, innerhalb derer Handys wiederverwertet werden, thematisiert werden. In der Recherche über Möglichkeiten des Handyrecyclings, deren

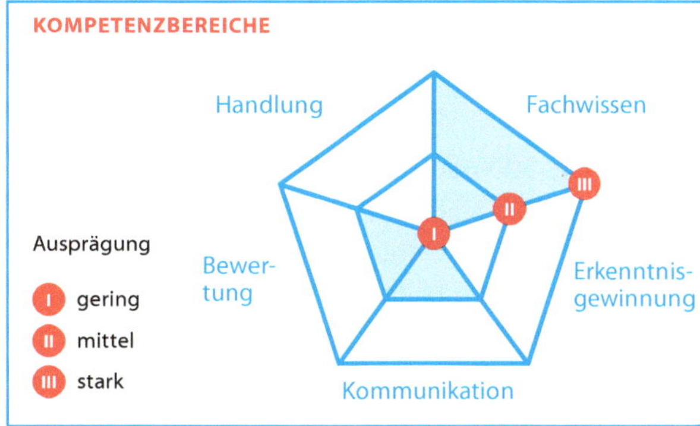

Publikation in einem Schülerzeitungsartikel sowie der Durchführung einer Kampagne werden die Kompetenzbereiche Erkenntnisgewinnung, Kommunikation und Bewertung angesprochen.

Vom Wissen zum Handeln: Die Aufgabe berücksichtigt vier der fünf Schritte vom Wissen zum Handeln. Zunächst werden durch den Radiobeitrag Probleme des Handyrecyclings im Urban Mining präzisiert. Die Schülerinnen und Schüler überlegen, auf welche Arten Handys im Allgemeinen und ihr Handy im Speziellen recycelt werden könnten. Ist es ihnen ein Anliegen, zu einer nachhaltigen Handywiederverwertung beizutragen, können sie durch die Erstellung eines Schülerzeitungsartikels die Handlungsmöglichkeiten auch an andere Schülerinnen und Schülern weitertragen.

Zur Aufgabe 2:

Den Schatz heben: Handys sammeln!

Zur Konzeption der Aufgabe: Zentrales Anliegen dieser Aufgabe ist es, eine Handy-Sammelaktion sowohl innerhalb als auch außerhalb der Schule zu kommunizieren und dadurch zu unterstützen. Die Schülerinnen und Schüler sind dazu aufgefordert, sich produkt- und adressatenorientiert mit der Handy-Sammelaktion durch das Entwerfen eines Posters, Flyers und Presseartikels auseinanderzusetzen.

Methodisch-didaktische Umsetzung: Voraussetzung für diese Aufgabe ist, dass Sie sich gemeinsam mit Ihrer Klasse dafür entschieden haben, eine Handy-Sammelaktion zu organisieren und durchzuführen.

Diese Aufgabe ist als Gruppenarbeit konzipiert. Alternativ zum vorgeschlagenen Vorgehen kann auch je eine Gruppe sich ausschließlich mit einer Unteraufgabe befassen. Um auf die angeführten Hilfsmittel (Software, Datenbanken – siehe Boxen) zugreifen zu können, sollte jede Gruppe mit mindestens einem Computer ausgestattet sein.

Bezüge zu Kompetenzbereichen: In der Zusammenstellung, Aufbereitung und Präsentation naturwissenschaftlicher Kenntnisse zur Handywiederverwertung in Form von Flyern, Postern und Artikeln knüpft die Aufgabe an die Kompetenzbereiche Kommunikation und Bewertung an. Die Schülerinnen und Schüler setzen Fach- und Alltagssprache zielgerecht und adressatenorientiert ein und bewerten mögliche Handlungsoptionen.

Vom Wissen zum Handeln: In dieser Aufgabe stehen die Möglichkeiten des nachhaltigen Handyrecyclings im Mittelpunkt. Die Schülerinnen und Schüler werden gemeinsam aktiv, in dem sie eine Handysammelaktion gestalten, bewerben und andere davon überzeugen, sich im Sinne einer nachhaltigen Entwicklung zu engagieren.

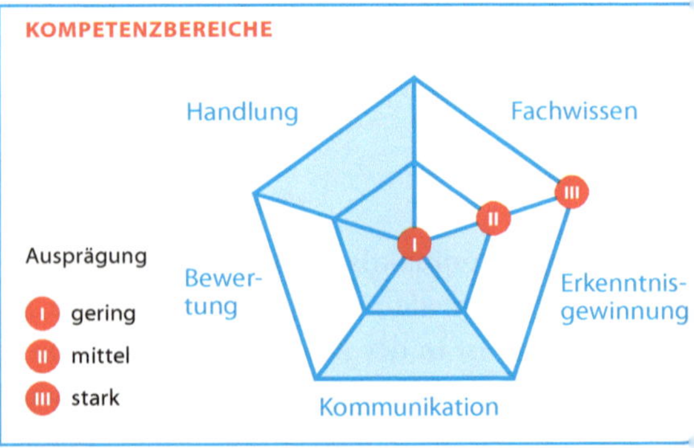

Zur Aufgabe 3:

Wer wird Rohstoff-Experte?

Zur Konzeption der Aufgabe: Diese Aufgabe bezieht sich auf alle Inhalte des Lern- und Arbeitsmaterials. Aufgabe der Schülerinnen und Schüler ist es hier, aus dem gesamten vorliegenden Lern- und Arbeitsmaterial gezielt Informationen zu entnehmen und in Fragen und Antworten (entsprechend der Vorlage) umzuformulieren. Diese Reproduktions- und Reorganisationsaufgabe soll ausdrücklich Spaß machen!

Methodisch-didaktische Umsetzung: Für diese Aufgabe ist die Klasse in zwei Gruppen zu unterteilen, die später im Spiel gegeneinander antreten werden. Aufgabe der Gruppen ist es, aus dem vorliegenden Lern- und Arbeitsmaterial 15 Fragen und Antworten zu erarbeiten. Damit die Gruppen gut arbeiten können, benötigen sie einen Computer mit Internetzugang und Ausdrucke der Frage-und-Antwort-Bögen (siehe Seite 144). Weitere Materialien sind in der Box auf Seite 142 aufgeführt. Auf jeden Fall sollten Sie sich jedoch im Vorfeld mit der genannten Präsentations-Vorlage vertraut machen, um auf etwaige Rückfragen seitens der Schülerinnen und Schüler reagieren zu können. Die Blanko-Präsentation können Sie unter folgendem Link einsehen und auch herunterladen: **www.springer.com/978-3-662-44082-7.**

Bezüge zu Kompetenzbereichen: In dieser Aufgabe werden Bezüge zu allen genannten naturwissenschaftlichen und gesellschaftswissenschaftlichen Basiskonzepten hergestellt, da sie die Wiederholung aller behandelten Inhalte beabsichtigt. Die Schülerinnen und Schüler arbeiten in Teams, um die Auswahl der Informationen für die Fragen und Antworten vorzunehmen. Durch die Reorganisation des Wissens in Form von Fragen und Antworten wird der Kompetenzbereich Kommunikation angesprochen.

Vom Wissen zum Handeln: Diese Aufgabe fasst insbesondere die problematischen Aspekte der globalen Handyproduktion, -nutzung und -wiederverwertung zusammen und bezieht sich auch auf den persönlichen Einfluss der Schülerinnen und Schüler. Durch die vertiefte Auseinandersetzung und Wiederholung wird die direkte Bezugnahme zum eigenen Verhalten angeregt.

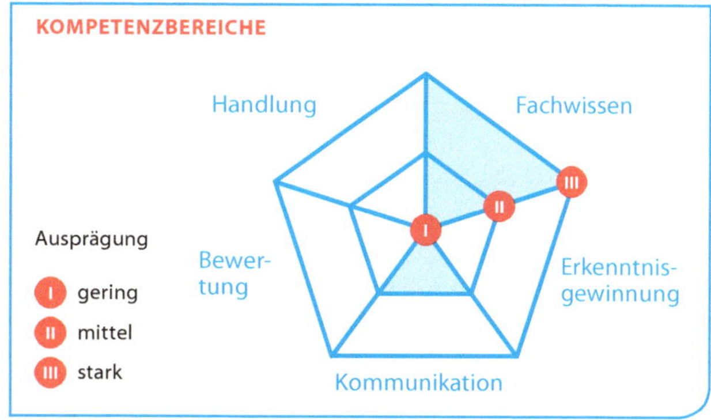

AUFGABE 1

IST DAS GOLD ODER KANN DAS WEG?

Gleich werdet ihr den Radiobeitrag „Ist das Gold oder kann das weg?" hören, der am 30.11.2011 im Deutschlandfunk gesendet wurde.

A In der Sendung wird der Begriff des Urban Mining benutzt. Erklärt, was dieser Begriff bedeutet. Stellt dar, welche Potenziale, aber auch welche Schwierigkeiten mit Urban Mining verbunden sind.

B In deutschen Schubladen liegen grob geschätzt rund 86 Millionen Althandys![19] Die Rückgabequoten von Handys sind nur gering. Offensichtlich scheinen wir die Bedeutung des Handys als Rohstoffquelle bisher zu unterschätzen. Ein Experte der Abfallwirtschaft fordert deshalb in dem Audiobeitrag, sicherzustellen, dass ausrangierte Handys dem Wiederverwertungskreislauf zugeführt werden.
Erörtert mit eurem Partner euch bekannte Möglichkeiten, euer Handy dem Wiederverwertungskreislauf zuzuführen, und entwickelt darüber hinaus eigene Ideen, wie dies gelingen kann.

C Eine Möglichkeit, ausrangierte Handys dem Wiederverwertungskreislauf zuzuführen, ist es, diese bei einem Mobilfunkanbieter abzugeben. Aber was passiert mit unserem Handy, nachdem wir es dort abgegeben haben? Recherchiert, was mit eurem Handy passiert, nachdem ihr es bei eurem Mobilfunkanbieter abgegeben habt. Was eine Recherche genau umfasst, könnt ihr der untenstehenden Box entnehmen. Fasst eure Rechercheergebnisse zusammen, z. B. in einem Artikel für eure Schülerzeitung.

[19] Im Radiobeitrag werden 72 Millionen Althandys in deutschen Schubladen vermutet. Neuere Studien gehen jedoch davon aus, dass mindestens 86 Millionen Althandys ungenutzt in deutschen Schubladen lagern (BITKOM 2012).

Verweis 11

Der Handywiederverwertung auf der Spur

Recherche ist ein unscheinbares Wort, aber eine anspruchsvolle Aufgabe. Wie aber funktioniert eine Recherche? Umfassend Auskunft zum Thema gibt das Schülerzeitungs-Handbuch (ISBN 9783839135907). Hier wurde ein ganzes Kapitel der Recherche gewidmet. Es enthält Informationen zur Grundlage und zum Ablauf einer Recherche, genauso wie zum Umgang mit Informationsquellen und noch vieles mehr. Das Buch kann im Buchhandel erworben werden, aber auch komplett online eingesehen und ausgedruckt werden. Zum Recherche-Kapitel geht es hier:
www.schuelerzeitung.de/unterstuetzung-und-service/sz-handbuch/recherche/

Radiobeitrag: Ist das Gold oder kann das weg?

Jan Rähm untersucht in seinem Beitrag Sinn und Machbarkeit des Urban Mining. Er nähert sich dem Thema aus verschiedenen Perspektiven und lässt dabei unterschiedliche Expertinnen und Experten aus Industrie, Forschungseinrichtungen und Abfallwirtschaft zu Wort kommen.

Die Sendung wurde mit dem ACHEMA-Medienpreis 2012 ausgezeichnet. Der Beitrag kann über folgenden Link abgerufen werden:

www.radiofuzzie.com/proben-rundfunk-2011.html#Sinn_Uninn_Machbarkeit_Urban_Mining

Weiterführende Idee: eine Exkursion

Mit eigenen Augen sehen, was für Prozesse in einer Recycling- oder Müllverbrennungsanlage ablaufen, wie diese ineinandergreifen und Fragen an die Expertinnen und Experten vor Ort richten? Dies wird möglich durch ein (Klassen-)Ausflug zu einer solchen Einrichtung. Erster Ansprechpartner zur Organisation des Vorhabens könnte hier eure lokale Abfallwirtschaft sein.

AUFGABE 2

DEN SCHATZ HEBEN: HANDYS SAMMELN!

Ihr habt euch dafür entschieden, mit eurer Klasse eine Handy-Sammelaktion durchzuführen. Das ist toll! Damit die Aktion ein voller Erfolg wird und ihr am Ende ein gutes Sammelergebnis erreicht, ist es wichtig, die Aktion gut vorzubereiten. Dazu gehört, dass ihr euch einen Überblick verschafft, wo gesammelte Handys abgegeben werden können. Ihr habt euch mit dem Thema bereits beschäftigt und wisst, wie groß der ökologische Rucksack eines Handys ist und welche Schätze in unseren Mobiltelefonen schlummern. Aber ist das auch euren Mitschülerinnen und Mitschülern, Angehörigen und Freunden bekannt? Wie könntet ihr sie dafür gewinnen, sich an der Handy-Sammelaktion zu beteiligen?

A Gestaltet zur Bewerbung der Handy-Sammelaktion an eurer Schule ein Poster. Dieses muss zum einen die wichtigsten Eckdaten der Sammelaktion wiedergeben (Zeitraum der Aktion, wo befinden sich die Sammelboxen etc.) und sollte zum anderen über die Notwendigkeit des Recyclings von Handys informieren. Die Herausforderung ist sicherlich, dies alles kurz, knapp und ansprechend – z.B. ergänzt durch ein Bild – auf einem Poster unterzubringen. Hängt das fertige Poster am Ende an zentralen Orten in eurer Schule auf!

B Eure Freunde, Angehörigen und Bekannten außerhalb der Schule sollen von der Handy-Sammelaktion nicht nur erfahren, sondern sich im besten Fall auch daran beteiligen. Ein Handzettel (Flyer) zum Verteilen kann dabei helfen. Eure Aufgabe ist es deshalb nun, einen entsprechenden Flyer zu gestalten. Ein Flyer (je nach Format) bietet euch mehr Platz als ein Poster, um über die Hintergründe der Handy-Sammelaktion zu informieren. Aber Vorsicht: Auch ein Flyer sollte nicht mit Text und Informationen überladen sein.

C Nicht nur eure Mitschülerinnen und Mitschüler, Eltern und Freunde sollen über die Handy-Sammelaktion an eurer Schule informiert werden, sondern auch die breitere Öffentlichkeit. Verfasst deshalb einen Presseartikel über die Sammelaktion, den ihr an Vertreterinnen und Vertreter der lokalen Presse weiterleitet.

Verweis 12

Fotos – kostenlos!

Ihr wollt eure Poster professionell bebildern, verfügt aber selber über kein geeignetes Foto? Bilder aus dem Internet zu verwenden, ist häufig heikel, da diese oftmals rechtlich geschützt sind. Eine gute Variante ist der Blick in eine kostenlose Bilddatenbank (z.B. pixelio oder free images): einfach anmelden, Fotos suchen und herunterladen, dabei nicht vergessen, die Quelle auf dem Plakat oder Flyer anzugeben. Zu finden unter folgenden Links:

www.pixelio.de | www.freeimages.com/

Verweis 13

Mit der Open-Source-Software Scribus professionelle Layouts erstellen

Mit dieser Software lassen sich, besser als mit einer herkömmlichen Textverarbeitung, Texte und Bilder exakt setzen. Die Software Scribus eignet sich damit gut zum Erstellen von z. B. Postern, Flyern, Grußkarten oder CD-Covern. Die Software kann kostenlos unter folgendem Link herunter geladen werden: www.chip.de/downloads/Scribus_20010379.html

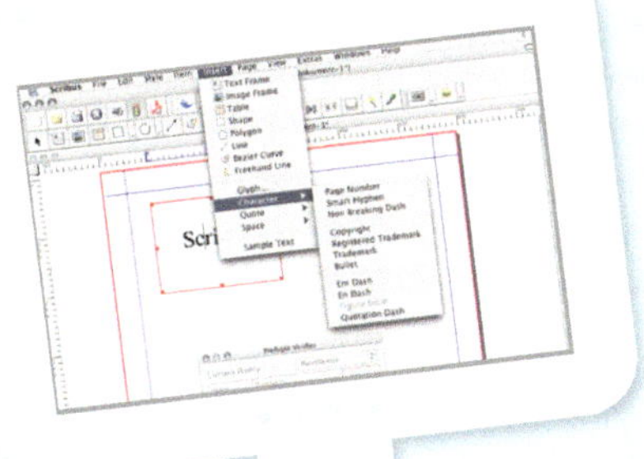

Einen Presseartikel verfassen

Erster Blickfang eines Presseartikels ist die Überschrift. Diese sollte möglichst konkret den Inhalt des Artikels beschreiben und den Leser dabei gleichzeitig fesseln. In einem kurzen Einführungssatz wird zu Beginn des Artikels der Inhalt zusammengefasst, der den Leser zum vollständigen Lesen des Presseartikels animieren soll. Der Hauptteil beginnt mit den wichtigsten Informationen: wer, was, wann, wo, wie, warum? Zusatzinformationen finden weiter hinten im Text ihren Platz. Ein Presseartikel ähnelt vom Stil her dem eines Berichtes, jedoch mit einer lebhafteren und emotionaleren Sprache. Vermieden werden sollten komplizierte Satzkonstrukte, Fachbegriffe und umgangssprachliche Ausdrücke.

In: Michelsen, G., & Nemnich, C. (Hrsg.) (2011): Bildungsinstitutionen und nachhaltiger Konsum. Ein Leitfaden zur Förderung nachhaltigen Konsums. Bad Homburg: VAS, 78.

AUFGABE 3

GRUPPEN-ARBEIT

WER WIRD ROHSTOFF-EXPERTE?

Wer kennt es nicht, das in vielen Ländern der Welt beliebte Fernsehquiz, bei dem 15 richtige Antworten zum Millionengewinn führen. Hier führt der Weg zum Rohstoff-Experten über 15 Fragen zum ökologischen Rucksack von Handys, die ihr euch ausdenken sollt. Lest bitte aufmerksam die nachfolgende Anleitung und macht euch dann an die Arbeit – bis es schließlich heißt: Wer wird Rohstoff-Experte?

WAS WIRD BENÖTIGT:

- [x] Computer mit Internetzugang für den Internetjoker
- [ ] je ein Computer mit Internetzugang pro Gruppe
- [ ] Ausdrucke der Fragebögen
- [ ] Beamer
- [ ] ppt-Vorlage
- [ ] Stoppuhr

VORBEREITUNG:

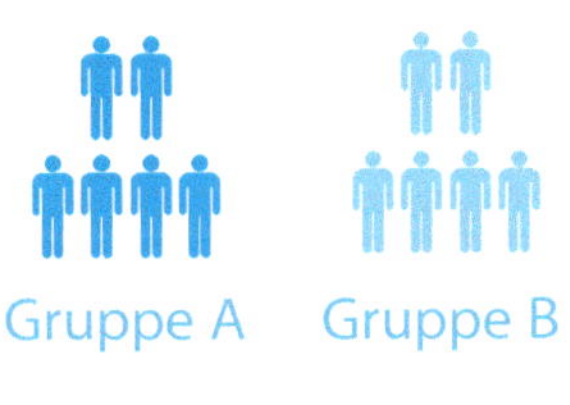

1 Eure Klasse wurde in zwei Gruppen (Gruppe A und Gruppe B) unterteilt, damit diese später gegeneinander spielen können. Jede Gruppe ist zunächst damit beauftragt, 15 Fragen und Antworten (je eine Frage für jede Stufe von 100 EUR bis zur Million) zum Thema aus dem vorliegenden Material herauszuarbeiten. Sinnvoll erscheint es, die beiden Gruppen A und B hierfür weiter zu unterteilen, z. B. jeweils in drei weitere Untergruppen entsprechend der beschriebenen Lebensphasen eines Handys. So geht die Arbeit schneller voran und Doppelungen von Fragen können vermieden werden. Bitte stellt dabei sicher, dass es zu jeder Frage nur genau eine richtige Antwort geben darf – dass die Antwort also eindeutig sein sollte. Haltet eure Fragen und Antworten zunächst auf der dafür vorgesehenen Vorlage fest. Die richtige Antwort ist in das entsprechend markierte Feld einzutragen.

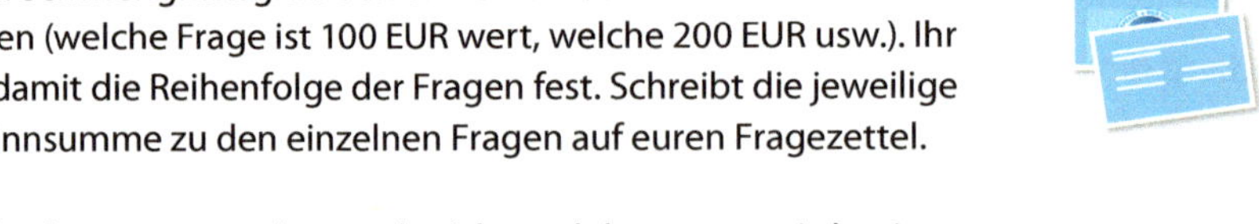

Als Nächstes habt ihr in der Gruppe die Aufgabe, die Fragen nach ihrem Schwierigkeitsgrad den einzelnen Gewinnsummen zuzuordnen (welche Frage ist 100 EUR wert, welche 200 EUR usw.). Ihr legt damit die Reihenfolge der Fragen fest. Schreibt die jeweilige Gewinnsumme zu den einzelnen Fragen auf euren Fragezettel.

Spielen kann man so aber noch nicht und deswegen wird es jetzt digital: Übertragt eure Fragen und Antwortmöglichkeiten dafür in der gewählten Reihenfolge in eine Präsentation. Keine Angst, diese müsst ihr nicht selber erstellen, ladet die fast fertige Präsentation einfach herunter: www.springer.com/978-3-662-44082-7. Wie ihr seht, sind lediglich die Stellen der Präsentation nicht ausgefüllt, an die die einzelnen Fragen kommen – die Fragen zu ergänzen, ist nun eure Aufgabe! Es ist vorgegeben, wo ihr sowohl die Frage als auch die dazugehörigen richtigen und falschen Antworten eintragen könnt. Mit der Präsentation können nun alle Anwesenden gespannt das Spiel verfolgen – fast so, als säße man in einem Fernsehstudio!

4 Klärt als Nächstes, wer aus eurer Gruppe als Kandidatin oder Kandidat im Quiz gegen den Moderator, den die andere Gruppe bestimmt, antreten soll. Oder sollen es vielleicht zwei Personen sein – im Team? Baut anschließend den Raum so um, dass ihr ein Fernsehstudio-Feeling habt und das Spiel losgehen kann.

5 Nachdem ihr euch darauf geeinigt habt, wer sich als Erstes den Fragen der anderen Gruppe stellen soll, kann es auch schon losgehen. Kandidatin oder Kandidat und Moderator nehmen Platz – und los geht's!

SPIELANLEITUNG:

Anders als im Fernsehen gibt es keinen Telefonjoker. Stattdessen habt ihr einen Internetjoker. Zieht ihr diesen zur Hilfe herbei, so habt ihr gestoppte zwei Minuten Zeit, im Internet oder im vorliegenden Material die richtige Antwort zu recherchieren. Nutzt dafür den bereitgestellten Computer – oder ein Smartphone, wenn jemand aus eurer Gruppe eines dabei hat!

Im Original wird er Zusatzjoker genannt: Hier bittet die Moderationsperson diejenigen aus der Gruppe der Kandidatin bzw. des Kandidaten aufzustehen, die glauben, die richtige Antwort zu kennen. Von diesen wählt der Kandidat einen aus, der seiner Meinung nach die richtige Antwort nennt. Der Kandidat kann sich dann anschließen, muss dies aber nicht.

Der 50:50 Joker blendet zwei falsche Antwortmöglichkeiten nach dem Zufallsprinzip aus. Der Kandidat bzw. die Kandidatin muss nun nur noch zwischen zwei Antwortmöglichkeiten wählen.

WER WIRD ROHSTOFF-EXPERTE

15 | € 1 MILLION
14 | € 500.000
13 | € 125.000
12 | € 64.000
11 | € 32.000
10 | € 16.000
9 | € 8.000
8 | € 4.000
7 | € 2.000
6 | € 1.000
5 | € 500
4 | € 300
3 | € 200
2 | € 100
1 | € 50

Es gibt insgesamt 15 Gewinnstufen. Sicherheitsstufen, bei der der Gewinn erhalten bleibt, auch wenn der Kandidat eine spätere Frage falsch beantwortet, liegen bei der fünften und zehnten Frage – also bei 500 EUR und 16.000 EUR.

KOPIERVORLAGE

VORLAGE 8

FRAGE

ANTWORT

A

B

C

D

FRAGE

ANTWORT

A

B

C

D

FRAGE

ANTWORT

A

B

C

D

FRAGE

ANTWORT

A

B

C

D

FRAGE

ANTWORT

A

B

C

D

VI Anhang

WEITERE TIPPS UND LINKS

Hier finden sich neben den im Lern- und Arbeitsmaterial bereits enthaltenen Tipps und Verweisen weitere nennenswerte Filme und Broschüren, die sich für einen Einsatz im Unterricht eignen.

Allgemeine Information

Geschichte des Mobilfunks (deutsch, 3:50 min)

Heute ist der Mobilfunk eine weit verbreitete Technologie, deren Entwicklungsgeschichte bis in die erste Hälfte des 20. Jahrhunderts zurückreicht. Das Informationszentrum Mobilfunk (IZMF) zeichnet in seinem Kurzfilm die Geschichte des Mobilfunks nach.
Der Film kann auf den Seiten des IZMF unter folgendem Link online angesehen werden:

www.izmf.de/de/content/wie-entwickelte-sich-der-digitale-mobilfunk-deutschland

Der Lebenszyklus von Computer, Handy und Co

„System Error. Die Schattenseiten der globalen Computerproduktion" (34 Seiten, Hrsg. WEED 2008)

Die Herstellung von PCs erfolgt heute kleinschrittig an zahlreichen Standorten. Zahlreiche Konzerne sind in einer Produktionskette eingebunden, die sich über die ganze Erde verteilt. Über soziale und ökologische Bedingungen der Produktionsprozesse ist dabei häufig nur wenig bekannt. Die Broschüre gibt Einblick in die Produktion von Computern und beleuchtet dabei insbesondere auch die Schattenseiten.

Die Broschüre kann auf den Seiten der Nichtregierungsorganisation WEED (World, Economy, Ecology & Development) heruntergeladen (**www2.weed-online.org/uploads/systemerror.pdf**) oder gegen eine Schutzgebühr von 4 EUR (zzgl. Versandkosten) bestellt werden.

„Blue Elephants" (englisch mit deutschen Untertiteln, 14:01 min)

Der Dokumentarfilm von Moritz Siebert zeigt den Alltag von Arbeiterinnen und Arbeitern in der hoch entwickelten Elektronikindustrie in Malaysia. Sie kommen aus Indonesien, Nepal oder Bangladesch, mussten sich für die Vermittlungsgebühren hoch verschulden und arbeiten unter großem Druck für niedrigen Lohn.

Der Film wurde im Auftrag der Nichtregierungsorganisation WEED (World, Economy, Ecology & Development) im Rahmen des PC-Global-Projekts gedreht. Im Fokus des Projekts steht die Aufklärung über Arbeits- und Menschenrechtsverletzungen in der Computerindustrie. Der Film kann auf der Website von PC-Global (**www.pcglobal.org/**) online angesehen werden oder aber bei WEED als DVD zum Preis von 3 EUR bestellt werden.

„Digitale Handarbeit – Chinas Weltmarktfabrik für Computer" (deutsch, 28 min.)

Der Film von Alexandra Weltz und Jenny Chan über Chinas Weltmarktfabriken für Computer zeigt die andere Seite der Medaille einer globalisierten Computerproduktion. In Wahrheit hat diese wenig mit dem „sauberen" Image der Branche gemein.

Der Film kann auf der Website von PC-Global online angesehen werden (**pcglobal.org/index.php?option=com_content&view=article&id=93**) oder gegen eine Schutzgebühr von 10 EUR (zzgl. Versandkosten) auf der Website von WEED (World, Economy, Ecology & Development) (**www.weed-online.org/publikationen/bestellung/index.html#799437**) bestellt werden.

Alte Handys & PCs – Hintergrundinformationen zum Elektroschrottproblem (44 Seiten, Hrsg. Germanwatch 2012)

Der weltweite Konsum von Handys, Computern und Fernsehern nimmt kontinuierlich zu. Vorhandene Elektrogeräte werden dabei immer schneller durch neuere Modelle ersetzt. Eine Konsequenz aus dieser Entwicklung sind wachsende Elektroschrottberge. Das Handbuch von Johanna Kusch und Cornelia Heydenreich gibt einen Überblick über Probleme, die im Zusammenhang mit der Entsorgung von Elektronikgeräten entstehen, und diskutiert mögliche Lösungsansätze.

Das Buch kann auf den Seiten von Germanwatch (**germanwatch.org/de/download/3858.pdf**) heruntergeladen oder gegen eine Gebühr von 8 EUR bestellt werden.

Leitfäden/Tipps für den Kauf und Umgang mit Handy, Computer und Co

Computer, Internet und Co (23 Seiten, Hrsg. Umweltbundesamt 2009)

Die zunehmende Digitalisierung der Privathaushalte und Büros sowie das Internet verursa-chen einen erheblichen Strom- und Materialverbrauch. In Deutschland sind allein zehn Kraftwerke nötig, um den Strombedarf unserer modernen Lebensweise mit Internet, Handy und Co zu decken. Die Broschüre des Umweltbundesamtes enthält wertvolle Tipps und Tricks für den Kauf energiesparender Geräte, die „grüne" Nutzung und die umweltgerechte Entsorgung. Die Broschüre kann unter folgendem Link heruntergeladen werden: **www.umweltbundesamt.de/sites/default/files/medien/publikation/long/3725.pdf**.

Eine gedruckte Fassung kann kostenlos beim Umweltbundesamt bestellt werden (per E-Mail bei uba@broschuerenversand.de).

„Buy IT fair" – Leitfaden zur Beschaffung von Computern nach sozialen und ökologischen Kriterien (44 Seiten, Hrsg. WEED 2009)

Was ist zu beachten, wenn eine Schule, eine Firma, eine Institution oder auch eine Privatperson Computer nach sozialen und ökologischen Kriterien beschaffen will? WEED (World, Economy, Ecoclogy & Development) gibt in seinem Leitfaden ausführlich Auskunft darüber.
Die Broschüre kann hier **www.pcglobal.org/files/leitfaden_090324_klein.pdf** heruntergeladen oder gegen eine Schutzgebühr von 2 EUR (zzgl. Versandkosten) bei WEED bestellt werden.

Weitere Hinweise finden sich auf den Webseiten der Kampagne „Die Rohstoff-Expedition".

ÜBERSICHT KOPIERVORLAGEN

Einige Detailinformationen, Beispiele, Verweise und Vorlagen aus dem Lern- und Arbeitsmaterial stehen unter www.springer.com/978-3-662-44082-7 als separate Kopiervorlagen zur Verfügung.

	Name	Bezeichnung	Seite
Einführung: ökologischer Rucksack	Phasen des Konsums	Detailinfo 1	47
	Wenn die Welt ein Dorf wäre	Beispiel 1	49
	Unser Planet hat Grenzen	Detailinfo 2	50
	Was steckt in der Frühstücksmilch?	Beispiel 2	52
	Der ökologische Rucksack	Beispiel 3	53
	Lebenszyklus + Rucksack	Detailinfo 3	56
Modul I – Entstehung	Bauteile und Stoffe eines Handys	Detailinfo 4	64
	Auswahl von Metallen, die im Handy verwendet werden	Vorlage 1/Tabelle 8	66
	Kunststoff, Glas, Keramik	Detailinfo 5	69f
	Goldabbau in der Grasberg-Mine	Beispiel 4	70f
	Steckbrief	Vorlage 2	82
	Talkshowkarte	Vorlage 3	84-86
Modul II – Nutzung	Mobiltelefonbesitz	Detailinfo 7	90
	Beliebteste Mobiltelefonfunktionen	Detailinfo 8	91
	Gerätebesitz der Jugendlichen im Jahr 2011	Detailinfo 9	92
	Energieverbrauch im Vergleich	Detailinfo 10	94
	Was kann man mit 1 kWh machen?	Beispiel 6	95
	Leitlinien nachhaltigen Konsumierens	Beispiel 7	100
	Nachhaltige Nutzung bedeutet …	Verweis 8	102
	Blanko-Postervorlage	Vorlage 4	Nur online
	Schüler-Arbeitsblatt zum direkten und indirekten Energieverbrauch	Vorlage 5	109
	Blanko-Placemat	Vorlage 6	Nur online
	Blanko-Protokollbogen	Vorlage 7	113
Modul III – Recycling und Wiederverwertung	86 Millionen Handys lagern in der Schublade	Detailinfo 13	119
	„Alle Jahre wieder …"	Detailinfo 14	121
	Mehrfache Verwendung eines Handys	Beispiel 8	123
	Stoffströme im integrierten Schmelzer	Beispiel 9	130
	Frage-Antwort-Bogen	Vorlage 8	144

Factsheets nur online unter www.springer.com/978-3-662-44082-7

QUIZ

In drei Modulen wurde im Lern- und Arbeitsmaterial der Lebenszyklus eines Handys beschrieben – von der Entstehung über die Nutzung bis hin zum Recycling und zur Wiederverwertung. Wie viel Energie wird bei der Handyproduktion verbraucht? Und welche Rohstoffe stecken im Mobiltelefon? Diesen und weiteren spannenden Fragen können Schülerinnen und Schüler bei der „Rohstoff-Expedition" nachspüren. Ihr Wissen können sie mit diesem Quiz testen.

MODUL I – ENTSTEHUNG

Wie viel Silber wurde 2010 weltweit für die Produktion von Handys eingesetzt?

☐ 20.500 kg ☐ 375 t ☐ 65 t

Wie viel Erde muss bewegt werden, um genug Gold für ein Handy zu gewinnen?

☐ 1,3 t ☐ 57 kg ☐ 100 kg

MODUL II – NUTZUNG

Wie hoch ist der Anteil an Energie, der beim Laden tatsächlich im Akku des Handys gespeichert wird?

☐ Ein Drittel ☐ Drei Viertel ☐ Neun Zehntel

Leihe, teile, tausche lieber! Welche Regel des nachhaltigen Konsumierens ist damit gemeint?

☐ Rethink ☐ Refuse ☐ Reuse

MODUL III – RECYCLING UND WIEDERVERWERTUNG

Wie viele verschiedene Metalle lassen sich derzeit aus einem Handy zurückgewinnen?

☐ 5 ☐ 12 ☐ 17

Wie viel Prozent der Deutschen verschenken ihr altes Handy?

☐ 19 % ☐ 34 % ☐ 49 %

LÖSUNGEN:

Modul 1:
375 t
100 kg

Modul 2:
Ein Drittel
Refuse

Modul 3:
17
19 %